NOUVELLES DÉCOUVERTES

FAITES AVEC LE MICROSCOPE

Par

T. NEEDHAM,

Traduites de l'Anglois.

Avec un

MEMOIRE

SUR LES

POLYPES à BOUQUET,

Et sur ceux en Entonnoir.

Par

A. TREMBLEY.

Tiré des Transactions Philosophiques.

À LEIDE,

DE L'IMP. D'ELIE LUZAC, FILS.

MDCCXLVII.

CES DÉCOUVERTES

MICROSCOPIQUES

Sont dédiées

À

MONSIEUR

MARTIN FOLKES,

*Préfident de la Société Royale
de Londres.*

Et à

Tous Les Autres Membres De
Cette Illustre Socie´te´.

*Par leur très humble &
très obéïſſant ſer-
viteur,*

TURBERVILL NEEDHAM.

AVERTISSEMENT

D U

TRADUCTEUR.

Ce petit Livre con-
tient des Décou-
vertes si interessan-
tes, que j'espère
qu'il sera aussi bien
reçu des *François* qu'il l'a été des
Anglois, & cela sur-tout dans un
tems, où les excellens Ouvrages
de Mr. De Reaumur ont si fort

* 3

mis

AVERTISSEMENT.

mis en crédit l'étude de l'Hiſtoire
naturelle.

La manière ſimple & modeſte
dont Mr. Needham raporte les
faits dont il a été témoin , ou
propoſe ſes conjectures , doit nous
engager à ſouhaiter qu'il continue
ſes recherches. Il a ſi bien com-
mencé, qu'on a tout lieu d'eſpe-
rer encore de lui des choſes plus
conſiderables que celles-ci, qu'il
vient de publier pour ſon coup
d'eſſai, & dont quelques unes ſe-
roient cependant honneur aux
plus grands Maîtres. La découverte de l'action des Vaiſſeaux
laiteux du Calmar, de la Pouſſière qui féconde les Plantes,
des Anguilles qui ſont dans le Blé
gaté par la Nielle &c., nous eſt
un ſûr garant qu'il a toutes les

qua-

AVERTISSEMENT.

qualités qui caractérisent un Obſervateur attentif & judicieux. S'il y a quelque choſe à deſirer dans ſon Ouvrage, c'eſt un peu plus d'étendue en certaines occaſions. Ce qu'il dit, par exemple, ſur les Oeufs de la Raye, auroit beſoin de quelque éclairciſſement : ces Oeufs ſont d'une figure ſi extraordinaire, qu'il n'auroit pas mal fait de les décrire plus au long ; & cela auroit été d'autant plus à propos, que tout ce que les Naturaliſtes en ont dit jusqu'à preſent eſt aſſez imparfait.

J'ai pris la liberté d'inſerer des notes dans quelques endroits, pour éclaircir certains faits ; afin qu'on ne les confondit pas avec celles de l'Auteur, je les ai tou-

* 4   jours

jours terminé par ces Lettres R. d. T. Quant au Texte, j'ai rendu fidèlement celui de l'Original; & par rapport aux Planches, j'ai eû foin qu'elles fuffent exactement femblables à celles de l'édition angloife ; à l'exception de quelques Lettres, que je leur ai ajoutées, pour faciliter les renvois, qui ne font pas aflez diftincts dans l'Original.

Je leur ai joint auffi, dans la Planche VII. les Figures de deux Bernacles, qui vérifient une conjecture de Mr. Needham, favoir que ces Animaux fe multiplient par végétation, comme les Polypes d'Eau douce à bras en forme de Cornes. Ce fait étoit trop intéreffant, pour que je perdiffe l'occafion de l'établir folidement.

A-

AVERTISSEMENT.

Après l'Ouvrage de Mr. Needham, j'ai fait suivre un Mémoire
de Mr. Trembley, sur les Polypes à Bouquet, qui se trouve
imprimé en Anglois dans les
Transactions Philosophiques de
l'Année 1744. N°. 474. pag. 169.
Ce Mémoire aussi digne d'être
lu parce qu'il est un modèle de
la méthode qu'il faut suivre lors
qu'on veut écrire sur l'Histoire
naturelle, sans donner de sim-
ples conjectures au lieu de réalités,
que pour les nouvelles découvertes qu'il renferme, n'est pas
un médiocre ornement pour cet
ouvrage. Il nous fait connoitre
de nouveaux. Animaux, dont
on n'a presque pas eu d'idée jusqu'à present. Les uns sont des
Fleurs animées, sur lesquelles Mr.

* 5   Trem-

AVERTISSEMENT.

Trembley continue à faire des obfervations, qu'il communiquera j'efpère au Public, dans un Ouvrage plus étendu, & qui ne fera pas moins intereffant que celui qu'il a publié fur les Polypes à bras en forme de Cornes. Les autres font des Animaux qui ont la forme d'un Entonnoir, & dont la Multiplication s'éloigne, auffi bien que celle de ceux à Bouquet, de toutes les efpèces de générations dont les Naturaliftes ont parlé, & eft un Phènomène qui n'eft pas moins curieux qu'extraordinaire.

Aux Figures qui accompagnent ce Mémoire dans les Transactions, j'ai cru devoir ajouter la Figure 6. de la Planche VII. Elle repréfente l'Appareil que Mr.

Trem-

AVERTISSEMENT.

Trembley emploie pour obſerver les Inſectes dans l'Eau; j'en
connois toute l'utilité par ma
propre expérience; & je ne ſaurois aſſez le recommander à ceux
qui voudront faire de ſemblables
obſervations ; j'oſe même dire
qu'ils ne ſauroient s'en paſſer.
On auroit difficilement compris
la deſcription que j'en ai donnée,
ſi je ne l'avois pas éclaircie par
une Figure. Ceux qui ne ſeront
pas à portée de faire conſtruire
les portes-loupes , qui font la
principale pièce de cet Appareil,
en trouveront ici à Leide, chez
Mr. Jean van Muſſchenbroek ;
dès que cet habile Artiſte en a
connu l'utilité, il s'eſt appliqué à
en faire avec tout le ſoin poſſible.
Je ne dois pas oublier non plus

qu'on

qu'on peut encore acheter chez lui des Microſcopes de nouvelle invention, faits à Londres par Mr. Cuff, & qui ſurpaſſent à tous égards ceux qui ont été en uſage jusqu'à preſent. On peut les rendre ſimples ou compoſés, ſans aucun embaras ; tous leurs mouvemens s'opèrent avec beaucoup de facilité & de juſteſſe, & cela ſans qu'il ſoit néceſſaire de mouvoir l'objet qu'on examine, & qui peut être indifferemment opaque, transparent, ſolide, ou fluide. Je ne doute pas que ſi ces Microſcopes ſont une fois généralement connus, ils ne contribuent à augmenter le nombre des découvertes microſcopiques, à cauſe de la facilité avec laquelle chacun pourra s'en ſervir.

PRE'-

PRÉFACE

DE

L'AUTEUR.

*I*l n'importe pas au Lecteur de savoir que l'Auteur de cet Ouvrage étoit fort incommodé, dans le tems qu'il étoit occupé aux observations qui en font le sujet : cette consideration pourroit cependant lui servir d'excuse pour les fautes dans lesquelles il est tombé. Il est si convaincu de l'imperfection de son travail, qu'il ne se seroit jamais

mais déterminé à mettre ce livre
sous la presse, s'il n'avoit pas es-
peré d'engager par là de plus habiles gens à corriger & finir
ce qu'il n'a qu'ébauché. La nouveauté & la singularité des sujets
qu'il traite, sont si incontestables,
qu'il n'a pas besoin d'une autre
apologie pour se justifier de ce
qu'il s'est hâté d'en faire part au
Public; à la vérité il a encore
été encouragé à cela par des personnes de mérite & de savoir, à
qui il a eu l'honneur de faire voir
quelques unes de ses préparations;
mais si cette dernière raison a-
voit été seule, elle n'auroit pas
été suffisante pour lui.

Il ne s'est proposé ici que de
donner un simple narré de faits;
quand il hasarde quelques conjectures, c'est avec toutes les pré-
cautions d'un Auteur qui propose
ses idées, sans déroger au respect
qu'il

PREFACE.

qu'il doit avoir pour le sentiment
de ceux qui ont écrit avant lui.
S'il s'eſt trompé; il a cela de commun avec des Perſonnes qui, avec
beaucoup plus de génie & d'expérience que lui, ne peuvent pas ſe
flatter d'être exempts d'erreur,
ſur-tout ſur des ſujets de la nature de ceux dont il eſt parlé dans
cet Ouvrage. Il recevra avec
reconnoiſſance les avis de ceux qui
lui indiqueront des fautes, & il
ne manquera pas de les corriger
dans une nouvelle Edition, ſi cet
Eſſai parvient à être réimprimé.
Au cas que ſon travail ne ſoit pas
déſagréable à ceux qui ont du gout
pour l'Hiſtoire naturelle, ce ſera
là pour lui un motif qui l'engage-
ra à continuer ſes recherches; &
s'il fait quelques découvertes in-
tereſſantes, il ne négligera rien
pour les faire paroitre aux yeux
du Public, d'une manière qui les

faſſe

*faſſe lire avec plaiſir.   S'il avoit
eu le bonheur d'avoir plutot des
liaiſons avec quelques Savans,
leurs conſeils & leurs lumières
l'auroient vraiſemblablement ga-
ranti d'une partie des fautes, que
ſes Lecteurs pourront lui repro-
cher.*

INTRODUCTION.

Quoique la Nature, dirigée par son Créateur, soit d'une fécondité qui s'étend au de-là des bornes de nôtre Imagination, & qui se manifeste continuellement par un développement successif de Corps organisés, infinis dans leur variété aussi bien que dans leur nombre; il règne cependant une telle uniformité dans toutes ses productions, que non seulement l'Echelle des diverses espèces d'Etres visibles est composée de gradations aisées & presqu'imperceptibles; mais qu'encore l'harmonie, qu'il y a entre les divers Individus des Mondes, s'il m'est permis de donner ce nom aux diférentes portions de la Matière qui sont habitées,

A n'est

n'eſt pas moins ſurprenante que celle des eſpèces, ſous lesquelles on range ces Individus.

Suivant cette Théorie, qui eſt quelque choſe de plus qu'un Syſtème ſpécieux, ou qu'une ſimple ſaillie de nôtre Imagination, puisqu'on en voit pluſieurs preuves dans la Nature; ſuivant cette Théorie, dis-je, une goute d'Eau, d'une ligne de diamètre, peut être une Mer, non ſeulement parce qu'elle contient, comme l'expérience nous l'aprend tous les jours, des millions d'Animaux, auxquels elle fournit la nourriture; mais auſſi à cauſe de la reſſemblance que ces Animaux peuvent avoir avec ceux des diférentes eſpèces, qui ſe trouvent dans ces parties de l'Univers, que nous apercevons à l'oeil nud.

Si nous pouvions pouſſer nos découvertes dans le Monde microſcopique, au de-là des bornes que la Nature a jugé à propos de nous prescrire ici, ou ſi ſeulement nous les avions portées actuellement auſſi loin qu'on pourra les porter dans la ſuite, je me perſuade que la vérité de cette

Théo-

Théorie feroit mife dans un beaucoup plus grand jour, que celui où elle eft mife à prefent par le petit nombre d'obfervations qui ont été faites : obfervations qui fuffifent cependant pour prouver qu'on ne doit pas la regarder comme une fuppofition dénuée de fondement. Et même, quelqu'imparfaites que foient nos connoiffances à cet égard, nous ne manquons pas de raifons pour démontrer, que les Habitans des diverfes portions de la Matière ont fouvent beaucoup de reffemblance les uns avec les autres, quoiqu'ils difèrent fort en grandeur.

Les extrémités du grand & du petit, pouffées auffi loin que nôtre Imagination, aidée de l'expérience, peut les concevoir, font à une diftance immenfe l'une de l'autre ; cependant il n'y a aucune abfurdité à fuppofer que toute l'étendue de nos connoiffances, mefurée depuis les plus grands objets que nous connoiffons, jufqu'aux plus petits Animalcules, que nous découvrons par le Microfcope, & dont un million n'égalent pas un

A 2   grain

grain de fable, ne paroitroit qu'un point, fi on pouvoit la comparer avec l'efpace compris entre les bornes, par lesquelles la Nature eft véritablement renfermée ; c'eft ainfi qu'une four-millière, qui feroit habitée par des Fourmis, douées de raifon, ne feroit regardée par fes Habitans, que com-me une partie infiniment petite du globe terreftre.

Ainfi un Animal, que nous ne voions qu'à l'aide du Microfcope, peut ê-tre à l'égard d'une infinité d'autres, qui lui font inférieurs du coté de la figure & de la grandeur, ce qu'un E-léphant, une Autruche, ou une Ba-leine font dans les diverfes claffes des Quadrupèdes, des Oifeaux, ou des Poiffons ; & cela peut aller fi loin, que par rapport à notre Imagination l'Echelle des Etres naturels n'eft pas moins infinie en defcendant qu'en montant: d'un coté elle s'étend jus-qu'à l'immenfité, & de l'autre elle di-minue en s'approchant de plus en plus du néant, fans cependant y at-teindre jamais.

Quelques reflexions générales de cet-

cette nature, que j'ai faites après les découvertes des étonnantes propriétés des Polypes d'Eau douce, dont le Public eſt redevable à Mr. Trembley, m'ont engagé à examiner ſi l'on ne pourroit pas trouver dans la Mer des eſpèces de Poiſſons, qui, ſemblables à ces Polypes, fuſſent en grand ce que ceux-ci ſont en mignature, ou nous ſerviſſent au moins à répandre plus de jour ſur des Phénomènes qui échapent à nos obſervations, à cauſe de la petiteſſe des objets qui nous les offrent.

La propriété ſingulière, qu'ont ces Polypes de reproduire les parties de leur Corps qu'ils ont perdues, doit dépendre ſans contredit, même dans ceux qui ſont les plus grands, d'un Mécanisme de Vaiſſeaux ſi petits, que nous ne risquons rien en la mettant au nombre des choſes, que nous ne ſaurions expliquer. Mr. De Reaumur a ſoupçonné avec raiſon que cette faculté n'étoit pas particulière à ces Animaux, & enſuite Mrs. Gerrard de Villars, de Juſſieu, & autres, l'ont démontrée en grand dans quel-

ques productions marines, telles que
les Orties & les Etoiles de Mer. Je
puis même pour furcroit de preuves faire voir un rayon d'une de
ces Etoiles, que je conferve dans u-
ne liqueur fpiritueufe, & qui, quand
il y a été mis, étoit occupé à reparer
une perte qu'il avoit faite. On voit
l'extrémité qui repouffe, & qu'il eft
aifé de diftinguer, parce que fon diamètre n'eft pas encore égal à celui
du refte du rayon. Il y a quelque-
tems que, pour fatisfaire la curiofité
de diverfes perfonnes, j'envoiai en
Angleterre cette Etoile de Mer, avec
quelques autres préparations de cette
efpèce, dont il fera parlé dans le
Corps de cet Ouvrage. J'ai enfuite
eu l'honnenr de prefenter le tout à
l'Illuftre Préfident, & à plufieurs autres dignes Membres de la Société
Roiale. Ces Meffieurs aiant examiné avec attention ce que je leur ai
fait voir, & particulièrement les
Vaiffeaux, qui contiennent la Laite
du Calmar, ont eu la bonté de m'en-
courager à publier cet Effai.

La manière extraordinaire dont
ces

ces Polypes fe multiplient, & qui femble être une véritable Végétation; en quoi je fuis convaincu qu'ils diffèrent des Étoiles de Mer, puisque la diffection m'a fait voir des Laites dans les Males, & des Oeufs dans les Femelles de celles-ci; cette manière, dis-je, dont ils fe multiplient, eft une propriété de même nature, & auffi furprenante que celle qu'ils ont de reparer les pertes quils ont faites. Il pourra arriver que dans la fuite on en trouvera des exemples dans d'autres Animaux; mais jufqu'à préfent on n'en a découvert aucun; fi ce n'eft peut-être dans les Bernacles (*a*); petits

(*a*) Le Bernacle eft proprement un Oifeau marin, qui a quelque reffemblance avec le Canard: mais on a donné le même nom aux Productions marines, dont il s'agit ici, parce qu'on s'eft imaginé que cet Oifeau leur devoit la naiffance; peut-être parce qu'il pond fes oeufs dans leur Coquille, après avoir mangé le Poiffon qui y eft. Quoiqu'il en foit, cette opinion a engagé les Naturaliftes à appeller ces Poiffons *Conques anatifères*; nom générique, fous lequel on comprend auffi les Glands de Mer, & les Pouffe-piés: c'eft pourquoi je lui ai préféré celui que notre Auteur leur donne en

An-

tits Animaux tubiformes , * qu'on trouve adhérens par groupes aux Rochers, & au fond des Vaiffeaux, où ils multiplient prodigieufement.

Leur propagation, autant que j'en puis juger par un petit nombre, que le hafard m'a fait voir morts fur les côtes de la Mer, femble avoir quelque analogie avec celle du Polype d'Eau douce. J'en ai trouvé fix ou fept en groupe, intimément joints enfemble par leur extrémité, & qui reffembloient, non à des petits, qui fortoient du Corps de leur Mère, comme des branches, qui pouffent d'un même tronc, mais à des rejettons qui fortent d'une même racine (b). Cependant je ne puis rien déterminer avec

Anglois, & qui leur eft donné auffi par les habitans des côtes de Provence & de Bretagne. R. d. T.

(b) Le hazard m'a été à cet égard plus favorable qu'à Mr. Needham. Il m'a fait tomber entre les mains quelques groupes de ces Animaux, confervés dans de l'Efprit de Vin, parmi lesquels il y en a plufieurs joints par l'extrémité de leur tube, & quelques autres, qui pouffent des rejettons par diférens endroits

avec certitude là-deſſus, jusqu'à ce
que j'aie eu pluſieurs occaſions d'examiner ces Animaux en vie; à la vérité j'en ai vu ſouvent de vivans, mais
c'étoit durant les chaleurs de l'Eté, &
lorsqu'ils avoient acquis toute leur
grandeur; auſſi les ai-je toujours trouvé éloignés de deux ou trois pouces
les uns des autres.

Leur Corps, ou pour parler plus
exactement, l'Etui dans lequel ils ſont

ren-

droits de leur Corps; enforte que je ne doute point, qu'ils ne ſe multiplient par Végeta-
tion; & que l'Analogie, que nôtre Auteur
ſoupçonne, avec autant de prudence que de
pénétration, entre eux & les Polypes d'Eau
douce, n'ait réellement lieu. Comme ce
fait eſt auſſi curieux qu'intéreſſant, j'ai cru
faire plaiſir au Lecteur en le lui mettant ſous
les yeux par les Figures 1. & 2. de la Planche
VII. Dans la Fig. 1. *a b c* eſt un Bernacle,
chargé de deux autres qui ſortent de ſon
Corps en *b*, & qui ſont joints par leur partie
b d. La Fig. 2. repréſente un autre Bernacle
a b, qui pouſſe en *b*, par l'ouverture de ſa
Coquille, un petit *c*. Au reſte il faut remarquer que ces Bernacles ſont ici repréſentés
dans la ſituation qu'ils ont, lorsqu'ils ſont fixés contre le fond d'un Vaiſſeau, car lorsqu'ils ſont adhérens à un roc, leur Coquille
eſt en haut. R. d. T.

A 5

renfermés, (*c*) eſt un Cylindre, qui, ſèché par le Soleil, comme ceux que j'ai trouvé, n'a que deux pouces de long (*d*); il eſt fort compacte, noir & rude comme du chagrin ; une de ſes extrémités eſt garnie d'une Coquille, bivalve en apparence, mais compoſée réellement de cinq parties diférentes, qui ſemblent être ſuſceptibles d'une extenſion & d'une contraction conſidérable, lorſque l'Animal eſt en vie.

La Tête de ce Poiſſon eſt armée de diverſes petites Cornes, ou Bras, dont la longueur diminue par dégrés, & qui, vus au Miſcroſcope, paroiſſent joliment frangés. Ces Bras ne ſont pas rangés circulairement autour de la Bouche, mais ils partent tous des environs d'un même point :

lors-

(*c*) Cet Etui eſt vuide, & le Poiſſon eſt renfermé tout entier dans ſa Coquille. C'eſt ce que notre Auteur a reconnu lui-même, comme il en avertit dans la ſuite, au Chap. xi. R. d. T.

(*d*) J'en ai vu qui, conſervés dans l'Eſprit de Vin, avoient plus de ſix pouces de longueur. R. d. T.

lorsqu'ils fe contractent, ils forment des courbes irrégulières, enfermées les unes dans les autres. La Tête, chargée de cet appareil, peut fortir, ou rentrer à volonté dans la cavité de fa Coquille , dont chaque batant eft compofé de deux pièces * jointes ensemble par une fine peau, qui s'infinue dans chaque divifion , & qui eft mobile fur une autre pièce, * qui eft entre les deux batans, & qui leur fert de charnière (*e*).

* PLAN-
CHE VI.
Fig. 2.
a b

* PLAN-
CHE VI.
Fig. 3.

La première fois que j'eus occafion d'examiner cette Production marine, je n'avois qu'une idée imparfaite des Polypes à panache de Mr. Trembley ; auffi ne fis-je que foupçonner que celle-la pouvoit être en grand ce que ceux-ci font en petit. Mais aiant eu enfuite le bonheur de m'entretenir avec Mr. Trembley, & d'être

tre

(*e*) La Fig. 1. de la Pl. vi1. fera mieux comprendre cette defcription : *e* eft la charnière; *f* & *g* font les deux pièces, qui forment chacun des batans de la Coquille ; *b* eft la divifion qui eft entr'elles, & dans laquelle s'infinue la membrane qui les tapiffe intérieurement. R. d. T.

A 6

tre témoin oculaire de fes découvertes à cet égard, en même tems que j'eus l'honneur de lui faire voir les Vaiffeaux qui contiennent la Laite du Calmar, je me fuis convaincu qu'il y a ici quelque chofe de plus qu'une Analogie affez éloignée. Mr. Trembley dit que ce panache eft compofé de cinquante ou foixante petites Cornes ou Bras: & que, quand l'Animal eft tranquile, ces Bras fortent d'un fourreau, ou d'une cellule, & qu'en fe recourbant fubitement, ils occafionnent dans l'eau une forte de tournant, qui entraine dans la bouche du Polype la proie dont il fe nourrit.

Mr. Baker, (*f*) que j'aurai occafion de citer encore dans la fuite, en parlant de cette efpèce de Polypes, s'ex-

---

(*f*) Voïez fon Hiftoire naturelle du Polype, & remarquez en même tems qu'il s'eft trompé, quand il a cru que l'Animal décrit par Leeuwenhoek étoit un Polype à panache; c'eft un Infecte diférent, très bien connu de Mr. Trembley, qui lui donne le nom de Polype Teigne; les deux roues, dont parle Leeuwenhoek, n'ont rien de commun avec le panache du Polype. R. d. T.

s'exprime de la manière fuivante ,, la
,, defcription qu'on en donne, m'in-
,, duit à croire, que c'eft le même
,, Animal dont Mr. Leeuwenhoek a
,, parlé, & qu'il a dit vivre dans un
,, fourreau ou cellule, qu'il attache
,, aux racines de quelques plantes a-
,, quatiques. Il a fur fa tête deux,
,, efpèces de roues, ornées d'un grand
,, nombre de dents ou entamures ;
,, & ces roues tournent en rond,
,, comme fi elles étoient fur des axes.
,, Il remarque auffi, qu'au moindre
,, attouchement l'Animal renferme
,, dans fon Corps tout cet appareil,
,, & fe retire lui même dans fon four-
,, reau". En éfet, quoique les Animaux, que décrit Mr. Leeuwenhoek,
foient beaucoup plus petits que ceux
qui ont été découverts par Mr. Trembley, ils ne femblent guères en diférer qu'en grandeur, comme une efpèce peut diférer d'une autre. La petite,
variété, qui refulte du nombre & de
l'arrangement de leurs Bras, qui femblent être des roues, ne fait pas ici
une diférence effentielle.

A 7   Ces

Ces Roues apparentes peuvent n'être en éfet qu'un appareil de Cornes ou de Bras, femblables aux panaches des Polypes, & analogues aux Cornes, qui ornent la Tête du Bernacle, & qu'il fait auffi fortir de fa Coquille, pour former dans l'eau une efpèce de tournant. Si cela paroit auffi probable aux autres qu'à moi, nous pourrons nous en fervir à éclaircir plufieurs difficultés, qui femblent découler de ces Phénomènes microscopiques, au cas que nous fuppofions, avec quelques Auteurs, qu'il y a réellement ici une rotation, qui fe fait par le mécanisme d'une pièce détachée, qui tourne fur un axe ; & qu'ainfi ce n'eft pas une fimple apparence de mouvement, caufée par le jeu & l'action du groupe de Bras.

On a un autre exemple d'un Animal, qui eft en grand ce que quelques Animaux microfcopiques font en mignature, dans une efpèce de petit Poiffon à Coquille, un peu plus grand qu'un grain de gros fable. J'en ai vu dans de l'eau de pluie, qui avoit croupi en quelques endroits bas du rivage de la Mer près de Lisbonne. J'en ai obfervé auffi dans de l'eau de fontaine à une grande diftance de la Mer.

Ce Poiffon, vu au Microfcope, paroit être renfermé dans une Coquille bivalve, tranfparente, & d'une figure femblable à celle d'un Moule. Il a auffi un appareil de Cornes ou de Bras, qu'il peut avancer ou retirer, quand il le trouve à propos. Il s'en fert pour former dans l'eau un tournant qui lui amène fa proie, ou pour changer de place, en avançant tantôt en ligne droite, & tantôt circulairement ; & alors il donne à fa Coquille une ouverture d'environ trente dégrés.

On trouve affez communement dans l'eau corrompue un petit Animalcule ovale, qui m'a fait voir fouvent des Phénomènes parfaitement analogues à ceux, que j'ai obfervés dans ce Poiffon. J'ai tout lieu de croire qu'il n'en difère qu'en grandeur: Car quoique je ne puiffe pas affurer pofitivement

ment

ment que j'aie vu la Coquille bivalve, où je le crois renfermé, & qui est trop petite, & trop transparente pour être vue distinctement; j'ai cependant remarqué que, comme ce Poisson, il avançoit & retiroit souvent ses petites Cornes, & que sa figure étoit tout-à-fait la même. Ainsi je me persuade que ceux, qui voudront se donner la peine d'observer ces Animaux avec attention, penseront comme moi à cet égard.

On me pardonnera, j'espère, cette petite digression, dans laquelle je n'ai pour but que d'engager les Curieux, qui croiront que la chose en vaut la peine, à examiner les Objets, dont j'ai parlé, avec plus de précision que je ne pretend l'avoir fait; sachant bien que je n'ai pas toute l'expérience nécessaire dans des observations de cette nature. Je reviens à mon premier sujet.

Mr. Baker, dans son Histoire naturelle du Polype, où nous trouvons un grand nombre d'Expériences, variées d'une façon très propre à sa-

tis-

tisfaire nôtre curiofité ; Mr. Baker,
dis-je, remarque, ,, que la forme or-
,, dinaire du Bras d'un Polype, quand
,, il eft parfaitement tranquile , &
,, qu'il paroit à fon aife, reffemble
,, fi fort à un rayon d'une Etoile de
,, Mer, qu'en examinant ce dernier
,, nous pouvons former des conjectu-
,, res vraifemblables fur plufieurs par-
,, ticularités qui regardent le pre-
,, mier, que nous ne faurions diftin-
,, guer parfaitement à caufe de fa
,, petiteffe ". Enfuite il confirme ce
qu'il a avancé, en entrant dans le détail. Suivant lui la conformation de
ces Bras, vus au Microfcope, & ce
qui arrive à un Ver, qui fe colle contre leur extrémité, dès qu'il la tou-
che, donnent lieu de croire qu'il y a
dans toute leur longueur des rangées
de petits tuiaux mobiles, & propres
à fuccer, comme on en voit aux
rayons de l'Etoile de Mer, & qu'ils
fervent au Polype à attraper & à retenir fa proie, avant même que fes
Bras fe foient pliés pour l'envelop-
per, & pour s'en emparer, de ma-
nié-

nière qu'elle ne puiſſe pas échaper.

Cette reſſemblance de conformation eſt ſi exacte, & la comparaiſon que fait Mr. Baker eſt ſi juſte, que je ne crois pas qu'il y ait rien à ajouter pour plus grande confirmation, qu'un exemple de même nature, tiré du Calmar, de la Sèche, & du Polype de Mer; trois eſpèces de Poiſſons, qui ont un réſervoir plein d'encre, ou d'une liqueur noire; & qui reſſemblent même plus au Polype d'Eau douce, que l'Etoile de Mer, comme il eſt aiſé de s'en convaincre en les obſervant attentivement.

En examinant avec toute l'exactitude dont je ſuis capable, la ſtructure & le mécaniſme des tuiaux propres à ſuccer, qui ſont très remarquables dans ces Productions marines; & en les obſervant dans le même but, que Mr. Baker a eu en vue dans la deſcription qu'il nous donne des rayons des Etoiles de Mer, je ſuis parvenu inſenſiblement à découvrir dans le Calmar d'autres particularités beaucoup plus attrayantes; j'ai fait desſiner finer ce que j'ai vu, auſſi exactement qu'il a été poſſible de le faire ſous la direction d'un homme, qui a auſſi peu d'expérience en cela que j'en ai; & enfin je me ſuis déterminé à publier mes obſervations. Je laiſſerai à mes Lecteurs le ſoin d'en faire l'application au Polype d'Eau douce, là où ils le jugeront convenable. Car à cet égard, je ne préviendrai point leur jugement; je me contenterai de décrire ſimplement cette Production marine : elle eſt très commune, & cependant les Auteurs qui en ont parlé, ne me paroiſſent pas l'avoir décrite avec toute l'exactitude néceſſaire.

A ce que je dis du Calmar, j'ai joint quelques autres Découvertes microſcopiques, que j'ai faites autres fois. Je les crois entièrement nouvelles, & je me flatte qu'à cauſe de cela elles feront du gout du Public. Leur nouveauté & leur ſingularité feront peut-être qu'on me pardonnera mon ſtile, de l'inexactitude duquel je ſuis ſi fort convaincu, que tout ce que j'ose alléguer en ma faveur sur cet article, se reduit à dire que c'est ici le premier Essai d'un jeune Auteur, qui par cette raison espère quelqu'indulgence de la part de ceux qui liront son Ouvrage.

NOU-

NOUVELLES DÉCOUVERTES

Faites avec le Microscope.

CHAPITRE I.

Du Calmar, & de ses Dimensions.

Le Calmar * ne difère qu'en peu de choses de la Sèche & du Polype de Mer, & il est aussi bien qu'eux de l'espèce de ces Poissons, qui ont un réservoir plein d'une liqueur noire comme de l'encre. Au lieu de cette partie blanche, friable, & opaque, qui couvre le Corps de la Sèche, & qui est connue vulgairement sous le nom d'Os de Sèche, le Calmar a une substance élastique, fine, transparente, & qui ressemble à du Talc: lorsqu'elle est étendue, elle a la forme d'un ovale long, mais dans sa situation naturelle elle est pliée suivant la longueur de son grand axe;

* PLAN-
CHE I.
Fig. 1.

&

& elle eſt placée immédiatement entre la partie intérieure du dos, ou de l'étui de l'animal, & entre ſes inteſtins, qu'elle enferme & garantit dans la cavité qu'elle forme. Le Corps même du Calmar eſt auſſi d'une figure oblongue ; & la ſtructure de cette curieuſe partie, qui forme ſa langue & ſon goſier, paroit être toute autre que dans la Sèche, ſi on l'examine avec le Microſcope.

Je n'ai jamais vu de Polype de Mer. Mais autant que j'en puis juger par les meilleures deſcriptions que nous en avons, ce qui le diſtingue principalement du Calmar, & de la Sèche, eſt un Corps long, fait en tuiau, qu'il porte ſur le dos, & qui lui ſert de gouvernail quand il nage ; car les Naturaliſtes ont obſervé qu'il le fait pancher tantôt à droite, & tantôt à gauche, ſuivant les endroits où il veut aller. Quant au reſte ces Poiſſons ſe reſſemblent ſi fort, que je crois pouvoir borner mes obſervations au Calmar ; perſuadé que tout ce qu'il renferme de curieux & de digne de notre attention, ſe trouvera

auſſi

auſſi dans ces deux autres eſpèces,
quoi qu'avec quelque légère diférence.

Le Calmar a dix Cornes ou Bras,
rangés à égale diſtance les uns des
autres autour d'une forte Lèvre *, circulaire & ridée, qui enferme ſon
Bec, & qui reſſemble à celle dans laquelle une Tortue de terre fait entrer ſa tête, lorſqu'elle la retire ſous
ſon écaille. Le Bec * de ce Poiſſon
eſt d'une ſubſtance, qui approche de
celle de la corne. Les deux parties,
dont il eſt compoſé, ſont crochues,
& emboitées l'une dans l'autre. Cette
Lèvre ridée, qui ſe ſerre autour d'elles, comme une bourſe, les empèche
de ſe diſloquer, & n'en laiſſe paroitre qu'une très petite portion. Le
jeu de ces deux parties ſe fait de
droit à gauche; & l'ouverture, qu'elles laiſſent entr'elles, eſt perpendicu-
laire, & non parallèle, comme il ſeroit
naturel de le croire, au plan qui paſſe
par ſes deux yeux. Ces yeux ſont placés aux deux cotés de la Tête à une
petite diſtance l'un de l'autre, au des-
ſous de la racine des Bras de l'Animal.

Ces

* PL. I.
Fig. I. 4

* PL. III.
Fig. 5

Ces Bras ne font pas tous de la la même longueur. Il y en a deux * qui font égaux à tout le Poiffon, tandis que les autres huit * n'ont qu'un peu plus du quart de fa longueur. Ces derniers vont en diminuant depuis leur racine jufqu'à leur extrémité, où ils fe terminent en pointe: leur coté intérieur, celui qui regarde la Bouche, eft un peu convexe, & garni de diverfes rangées de petits fucçoirs mobiles ; mais leur coté extérieur eft terminé par deux plans, qui forment un angle en fe réuniffant ; de forte que la coupe transverfale de ces Bras fait voir un triangle, dont la bafe eft curviligne. Les deux longs Bras font parfaitement cylindriques, depuis leur origine jufqu'aux cinq fixièmes de leur longueur ; là ils prennent la forme des petits Bras, & comme eux ils font garnis de fucçoirs, mais dont la plupart font plus grands.

Ces Bras font compofés d'une matière qui reffemble affez à celle qui forme les Tendons, dans les Animaux terreftres. Ils font fi élaftiques,

que

que quand on les coupe transverſa-
lement, les extrémités de la partie
coupée s'arrondiſſent d'abord d'elles
mêmes, & deviennent convexes, ſans
qu'il en puiſſe découler aucune hu-
meur. La même choſe arrive ſi l'on
coupe une partie de l'Etui cartilagineux, qui forme les trois quarts de la
longueur du Corps du Poiſſon, & qui
ſemble être fait d'une ſubſtance de la
même nature que celle des Bras. On
comprendra mieux cette deſcription,
& celles que je donnerai dans la ſuite,
ſi l'on a ſoin de les comparer avec
les figures, que j'ai ajoutées à la fin
de ce livre, & auxquelles je renvoie
le Lecteur dans tout le cours de cet
Ouvrage.

CHAPITRE II.

Du Nombre, de la Figure, & du Mé-canisme des Succoirs des Bras du Calmar.

Lorsque ces Succoirs * ſont éten-
dus, ils reſſemblent aſſez au Ca-
ly-

* PLAN-
CHE I.
Fig. 2. 2,

B

lyce d'un Gland. Leur mécanisme
& leur action dépendent en partie de
leur figure, & en partie d'un anneau
cartilagineux : Cet anneau * eſt armé de petits crochets, & affermi dans
une fine membrane, un peu transparente, qui l'environne juſqu'à la
moitié de ſa hauteur : on ne peut le
tirer qu'avec quelque éfort.

Chaque Succoir eſt adhérent au
Bras de l'Animal par un pédicule
tendineux *, qui conjointement avec
cette membrane s'élève & remplit
la cavité du Succoir, lorſqu'il ſe contracte pour agir. Tout ce qu'il tou-
che alors eſt arrêté par les petits crochets de l'anneau ; & enſuite pour
retenir plus fortement ſa proie, il
retire ſon pédicule, avec la partie
inférieure de la membrane dont je
viens de parler. Par là il produit
une eſpèce de ſuction aſſez ſemblable
à ce qui arrive, quand on applique un
cuir mouillé ſur une petite pierre ;
en retirant le cuir on enlève la pierre.

On comprend aiſément, que l'application de plus de mille Succoirs
ſemblables, que l'Animal fait agir en
mê-

même tems , en approchant & en
entrelaçant ses petits Bras les uns
dans les autres, comme j'ai vu qu'il
le faisoit , pour bien environner ce
qu'il veut saisir ; on comprend, dis-je,
qu'une telle application doit l'empor-
ter sur les éforts, que fait sa proie pour
lui échaper. J'ai quelques fois compté
plus de cent Succoirs à un de ses petits Bras, & plus de cent vingt à l'extrémité de ses longs Bras. Mais il est
impossible d'en déterminer exactement le nombre , sur-tout dans les
huit petits Bras , où de la grandeur
de $\frac{1}{20}$ de pouce , ils vont en diminuant jusqu'à une petitesse incroïa-
ble, en s'approchant de l'extrémité
du Bras ; & là il n'y a plus moïen de
les compter.

Les plus grands de ces Succoirs se
trouvent sur les longs Bras : dans les
Calmars de seize pouces, ils ont environ trois dixièmes de pouce en diamètre, & à peu près autant en profondeur , lorsque leur cavité est autant élargie que la Membrane, dont
elle est tapissée, peut le permettre.

En examinant cette cavité à l'oeil
B 2   nud,

nud, elle semble être ouverte dans l'endroit qui répond au pédicule tendineux, qui est au-dessous. Cela m'a fait dabord soupçonner, qu'elle avoit quelque communication avec le Corps du Bras, & que cette communication pouvoit s'ouvrir & se fermer, suivant le besoin, par le moïen d'une valvule : mais je suis bien-tôt revenu de cette idée ; car aïant séparé ce pédicule, j'ai taché à diverses reprises de faire passer de l'Air par cette prétendue ouverture ; mais, quelque éfort que j'aie fait, je n'ai pas pu en venir à bout : ainsi il n'y a réellement aucune apparence qu'il se trouve ici une telle communication.

CHAPITRE III.

De la Langue & du Gosier du Calmar.

Au dedans de la cavité du Bec que j'ai décrit ci-devant, il y a une Membrane *, garnie de neuf rangées de Dents, qui sert au Calmar à hacher les alimens, dont il se nour-

* PLANCHE III. Fig. 1.

nourrit. Cette Membrane en s'élar-
gissant par en-haut, & en se contour-
nant par en-bas, forme une Langue
& un Gosier. Lorsqu'elle est toute étendue suivant sa largeur & sa
longueur, elle a presque la figure
d'un rectangle. Dans le Corps de
l'Animal, sa partie la plus large est
recourbée & inclinée, de façon qu'elle
fait un Angle de 45 dégrés, dont les
cotés sont joints ensemble par un
mince ligament; c'est là la partie,
qui tient lieu de Langue; celle qui
est contournée au-dessous forme par
le simple contact de ses cotés, un
Gosier qui va en s'étrécissant. Lorsqu'elle est ainsi pliée, elle ressemble
assez à un champignon *.   * PLAN-
CHE III.
Fig. 3.

Pour examiner cet objet au Microscope, il faut l'étendre sur un verre objectif concave; & comme il est
fort petit, le meilleur moïen d'en
venir à bout est d'insinuer une fine
aiguille dans la cavité, qui forme le
Gosier, pour rompre le petit ligament, dont je viens de parler : on
peut séparer ainsi les deux cotés qu'il
tient unis, & les disposer aussi com-

B 3   mo-

modement qu'on veut, fans les endommager. Quand cette Membrane eft ainfi developpée, il faut la laver doucement à diverfes reprifes dans deux ou trois goutes d'Eau, qu'on aura mifes dans la cavité du verre objectif, & fe fervir de la pointe de l'aiguille, qu'on promènera d'une extrémité à l'autre, en fuivant la direction dès Dents, pour en féparer tous les petits morceaux de chair qu'il peut y avoir entre deux. Cette opération doit être continuée jufqu'à ce que la Membrane paroiffe claire & transparente à l'oeil nud. Cela fait, le verre, n°. 5, d'un double Microfcope à reflexion, fuffira pour en decouvrir la beauté, & la fymétrie.

Je vai la décrire auffi exactement qu'il me fera poffible ; mais pour mieux comprendre ma penfée, que je ne pourrai exprimer qu'imparfaitement, je prie le Lecteur de confulter la figure * que j'en ai donnée à la fin de ce Livre, & de la comparer avec celle † que j'ai ajoutée de cette même partie tirée de la Sèche,

&

* PLANCHE III. Fig. 1.
† PLANCHE III. Fig. 4.

& qui vue au Microfcope, difère confiderablement de la pécédente par la
figure & l'ordre de fes Dents.

Neuf rangées de Dents, occupent
d'un côté toute l'étendue de cette fine Membrane. Quoique dans les
plus grands Calmars elle n'ait qu'un
demi pouce en longueur, & un dixième de pouce en largeur * ; elle eſt *PLAN-
cependant auffi grande qu'il le faut CHE III, Fig. 2.
pour contenir fans confufion 504
Dents, chaque rangée étant compofée de 56 Dents. En comparant ces
Dents avec un cheveu, long d'un
dixième de pouce, que j'avois placé
entre deux rangées, les plus longues
vues au Microfcope ne m'ont paru avoir qu'un dixième, & les plus
courtes qu'un trentième de pouce.
Leur Diamètre moïen étoit à peu
près égal à celui du cheveu.

Elles font rangées de façon qu'elles
correfpondent exactement les unes
aux autres. Celles des rangées cor-
refpondantes font précifément de la
même figure, afin que quand elles
fe rencontrent, elles puiffent s'ajufter
enfemble. Les Dents des deux ran-

B 4   gées

gées extérieures font émouffées, &
reſſemblent affez à des Dents mache-
lières ; celles qui les ſuivent font plus
longues, coniques, & terminées en
une pointe fine ; leur figure approche
de celle des défenfes d'un Sanglier.
Celles des deux rangs, qui viennent enfuite, font des eſpèces de griffes
coudées, qui ont affez l'air de petites
faux. Les deux rangées fuivantes
font compofées de Dents, terminées
par trois pointes, dont celles qui font
aux extrémités font inégales entr'elles & fort courtes, & celle du milieu
eft la plus longue. Enfin les Dents
de la rangée du milieu, reffemblent
affez à celles des deux rangées voifi-
nes ; la feule chofe en quoi elles en
difèrent, c'eft que les pointes de leurs
extrémités font de même hauteur, tandis que la pointe du milieu, comme
dans les précédentes, les furpaffe l'u-
ne & l'autre, & fait que la Dent a la
forme de certains Bateaux, qui fe
terminent en bec aux deux extrémités, & qui ont un petit mât au milieu.

Les Dents qui revêtiffent la Mem-
bra-

brane, qui forme la Langue & le
Gosier de la Sèche *, ne difèrent de
celles du Calmar, qu'en ce que celles
des trois rangées du milieu ressemblent à des cones creux, dont les
sommets sont situés vers la base de
ceux qui les suivent immédiatement.
Cet Animal n'a que sept rangées de
44 Dents chacune (a) ; par consé-
quent il n'a que 308 Dents, & encore sont elles plus petites que dans
le Calmar ; l'étendue de la Membrane, à laquelle elles sont adhérentes, est aussi plus petite, puisque
sa longueur n'est que de trois dixièmes
de pouce, & sa largeur d'un cinquième de sa longueur. La figure, que
j'en

* PLAN-
CHE III.
Fig. 4.

(a) Il y a une assez grande diférence, entre ce que dit ici nôtre Auteur, & ce que
rapporte Swammerdam, qui nous a donné
une exacte description de la Sèche, à la fin
de son Histoire des Insectes, intitulée *Biblia
Naturæ.* Ce dernier prétend avoir compté
sur chacun des sept osselets cartilagineux,
qui forment suivant lui la Langue de la Sèche, plus de 60 Dents; ainsi le total en mon-
teroit à plus de 420. Il est aisé de se tromper sur le nombre d'objets aussi petits; & de
quelque coté que soit l'erreur, elle est de peu
de conséquence. R. d. T.

B 5

j'en ai donnée, n'en représente qu'une petite portion, mais qui suffit pour éclaircir la description précédente, & pour faire comprendre la diférence qu'il y a à cet égard entre le Calmar & la Sèche.

Il faut remarquer ici une chose, qui est sur-tout sensible dans le Calmar, c'est que ces rângées de Dents sont tellement inclinées vers celles du milieu, suivant qu'elles en sont plus ou moins éloignées, que les Dents étant prolongées selon leur direction, elles se rencontreroient à peu près au centre du passage, où le Gosier s'ouvre & s'insère dans un conduit long & étroit, qui tient lieu d'ésophage, & qui aboutit au ventricule de l'Animal ; Ainsi lorsque les alimens descendent, ils ne sont point arrêtés dans les intervalles des Dents; au contraire, pendant qu'ils sont mâchés, ils reçoivent continuellement une direction, qui les degage insensiblement, & les détermine vers l'ouverture, par laquelle ils doivent passer.

* PLAN-
CHE III.   Dans la Figure * on ne voit que
Fig. 1.   vingt-quatre Dents dans chaque ran-
gée,

gée, au lieu que dans l'Animal, il y en a réellement cinquante six, comme je l'ai remarqué ci-devant. Je me suis borné à ce nombre, parce qu'il suffit pour donner une juste idée de ce dont il est question ; & d'ailleurs une personne de ma connoissance, qui dessine fort bien, aïant vu cet objet, sans le secours du Microscope, m'a assuré qu'il étoit impossible de représenter exactement toutes les cinquante six Dents, de chaque rangée, avec les proportions qu'elles suivent dans leur diminution. Elles vont en décroissant d'une manière imperceptible dans les Dents voisines, mais qui est très remarquable, si l'on compare ensemble des Dents éloignées. Les plus grandes sont celles qui se trouvent dans la cavité, qui sert de Gosier.

J'ai remarqué, il n'y a qu'un moment, que ce Gosier s'insère dans un conduit étroit, qui s'ouvre dans l'estomac de l'Animal. Or près de cette insertion, j'ai trouvé une fois quelques alimens tout machés, pendant que ce qui étoit dans l'estomac

B 6

n'én'étoit qu'à moitié digéré. Cette circonstance, jointe à la structure de la Langue & du Gosier, me porte à croire, que dans ce Poisson il se fait quelque chose d'analogue à l'action de quelques Animaux terrestres, qui ruminent. Mais ce n'est là qu'un simple soupçon, sur lequel on ne peut pas faire grand fond, jusqu'à ce qu'il soit confirmé par un plus grand nombre d'observations.

CHAPITRE IV.

Du Corps & des Intestins du Calmar.

L e Corps de ce Poisson est un Etui cartilagineux *, garni de deux Nageoires *. Au dedans de cet Etui sont renfermés les Intestins, adhérents à sa partie supérieure, & placés entre une fine membrane, qui leur tient lieu de Méfentère, & ce cartilage mince, roide, & transparent, qui ressemble à du talc, & que j'ai décrit dans le premier Chapitre. La figure * que je donne de cet Animal, vu

par

par deſſous, avec ſon Etui ouvert,
& étendu pour laiſſer paroître ce qu'il
renferme, fera peut-être mieux comprendre ce que je veux dire, que les
expreſſions dont je me ſervirai.

Le Bec de cet Animal, * tiré hors * PL. III.
de cette Lèvre ridée, dans laquelle   Fig. 1.
il eſt renfermé, paroit avoir une figure ovale. Immédiatement au-des-
ſous eſt un conduit ou canal *, qui * PL. II. B.
a la forme d'un Entonnoir, ouvert à
ſes deux extrémités pour donner iſſue
à une liqueur noire, (a) dont le Calmar ſe ſert pour troubler l'Eau; &
cela je crois dans la vue d'empêcher
ſa proie de lui échaper, & non pour
ſe dérober à la pourſuite de ſes Ennemis, comme on l'a cru aſſez généralement. Au moins eſt-il ſur que les
fragmens des alimens, qu'on trouve
dans ſon Eſtomac, prouvent qu'il ſe
nourrit d'Animaux, & qu'entr'autres
il

(a) Dans la Sèche le Canal, qui eſt analogue à celui-ci, donne iſſue aux excrémens,
& à la ſemence, ou aux oeufs du Poiſſon.
Voiez Swammerdam *Biblia Naturæ.* p. 884.
Il eſt vraiſemblable que dans le Calmar il
ſert auſſi au même uſage. R. d. T.

il va à la chaffe des Pelamides & des
Melettes, petits Poiffons, qu'on trouve en très grande quantité, dans des
basfonds, près de l'embouchure du
Tage , & où il eft apparent qu'ils
fe retirent pour éviter les Calmars
& les Sèches , qui les y pourfui-
vent en foule ; au moins y en pê-
che-t-on beaucoup. Les deux cotés
de ce Canal font foutenus, & écartés
l'un de l'autre par deux Cartilages
* parallèles & cylindriques , (*b*) qui
s'étendent affez confiderablement au-
deffous. Le refervoir, qui contient la
li-

* PL. II.
C C.

(*b*) Ces deux Cartilages fe trouvent auffi
dans la Sèche, où fuivant la conjecture de
Swammerdam , ce font deux Mufcles, qui,
outre l'ufage que nôtre Auteur leur attribue
ici, fervent encore à mouvoir deux Mammelons , qui font dans l'enveloppe extérieure
du Poiffon , & qui s'emboitent dans deux
cavités, qui fe voient aux côtés de l'Entonnoir. Ces cavités font auffi vraifemblablement dans le Calmar, & il femble que Mr.
Needham les a voulu indiquer PL. II. là où
j'ai mis les Lettres *b b*; quant aux Mammelons peut-être en voit-on quelque trace
en *a a*; s'ils fe trouvent réellement dans le
Calmar, la conjecture de Swammerdam', ne
feroit elle point auffi applicable ici? R. d. T.

liqueur noire *, eſt placé entre ces * PL. II. D
Cartilages, (c) de façon que ſon cou
pénètre & s'ouvre dans le Canal, que
je viens de décrire. Quant à cette
liqueur même, tout ce que j'en puis
dire, c'eſt que ſi on l'expoſe en plein
air, en la forçant à ſortir du reſervoir, ou en ôtant ce reſervoir du
Corps du Poiſſon, auſſi-tôt elle ſe
condenſe & devient une ſubſtance
dure & fragile, ſemblable à du char-
bon de bois ; on peut la diſſoudre
aiſément dans l'Eau.

Examinant un jour quelques Calmars, vers le milieu de Décembre,
je remarquai près de la racine de ce * PL. II. E E.
reſervoir, deux taches ovales *, qui
avoient environ un quart de pouce
en diamètre, & qui ſembloient être
des Sacs membraneux, remplis d'une
ſubſtance gluante, où étoit contenu
le frai de l'Animal. Ce frai ne pa-
roiſ-

(c) La partie marquée D dans la Planche,
paroit moins être le Reſervoir de la liqueur
noire, que ſon conduit excrétoire. Au
moins dans la Sèche ce Reſervoir eſt-il ſitué
dans la Région inférieure du ventre de l'A-
nimal. R. d. T.

roiſſoit être à la vue ſimple qu'un
compoſé de petites taches d'une belle
couleur de cramoiſi ; mais en l'examinant au Microſcope, on y diſtinguoit
des oeufs très diférens les uns des autres
en grandeur & en figure ; particularité que je ne crois pas avoir été obſervée juſqu'à preſent dans le frai des
autres Poiſſons, dont les oeufs ſont
toujours parfaitement ſemblables. Ces
oeufs du Calmar étoient tous oblongs,
mais quelques uns étoient plus de trois
fois plus longs que les autres ; j'ai cru
remarquer à l'une de leurs extrémités
quelques veſtiges confus de Rayons ou
de Bras, comme ſi l'Animal commen-
çoit déja à y prendre la forme qu'il
doit avoir ; mais ils étoient ſi peu di-
ſtincts, qu'il n'y a aucun fond à faire
ſur cette particularité. Dans une femelle, que j'ai obſervée enſuite, ces
deux Membranes ovales étoient ſi
fort augmentées en Diamètre, &
s'étendoient tellement en tout ſens
vers l'ouverture du conduit, par où
paſſe la liqueur noire, qu'elles étoient
adhérentes par plus des deux tiers
de leur longueur au reſervoir de cette

te liqueur. Peut-être devoient elles
encore s'étendre davantage, avant
que le frai fût en état d'être dépofé
hors du Corps. Mais avant que de
rien déterminer là-deffus, il faut attendre qu'on ait des obfervations plus
pouffées.

Je reviens à l'objet que j'ai devant
moi, en écrivant ceci, & duquel
on a tiré la figure de la Planche II.
Au deffus du cartilage gauche, qui
fert à foutenir & à étendre le conduit
par où paffe la liqueur noire, on voit
deux tubes creux *, fortement ad- * PL. II.
hérens l'un à l'autre, quoique leurs F F.
cavités foient féparées. Je ne fau-
rois dire de quel ufage ils peuvent
être, à moins qu'ils ne fervent à donner iffue au frai, lorsqu'il eft prêt à fortir. Ce que je fais furement, c'eft
qu'il y a dans le corps du Calmar male
deux Vaiffeaux de la même nature,
& fitués de la même manière, par
où l'Animal fait fortir fa laite (d).

De

(d) Ces deux Vaiffeaux fe trouvent auffi
dans le male de la Sèche, mais fuivant Swammerdam la femelle n'en a qu'un, fitué affez
près

De chaque côté, & un peu au-
deſſous des deux Cartilages, eſt un
affemblage de Vaiſſeaux * entremélés
& diſperſés dans une ſubſtance graſſe
& huileuſe; ils paroiſſent remplis
d'une matière noire & opaque; ce
qui m'a fait ſoupçonner qu'ils pour-
roient bien être les Vaiſſeaux où ſe
forme la liqueur noire (e). Mais ce
n'eſt là qu'une conjecture.

Entre ces deux aſſemblages de
Vaiſſeaux, il y a une couche de
graiſſe * blanchâtre, qui couvre l'estomac. Celui-ci eſt un petit ſac,
fait d'une membrane transparente,
& qui reſſemble à une Veſſie: il a
deux pouces en longueur, & un en
largeur; ſon extrèmité ſupérieure
ſe termine en un long canal, qui a un
dixième de pouce en largeur, &
qui monte juſqu'à la tête de l'Animal,
où

près de l'Inteſtin *Rectum.* Peut-être que cet
Inteſtin eſt un de ces Tubes dont parle ici
nôtre Auteur R. d. T.

(e) On voit dans la Sèche deux pareils aſſemblages de Vaiſſeaux, ſitués de la même
manière & qui ſont les ouïes du Poiſſon. Ne
feroit-ce point le même Organe du Calmar,
que nôtre Auteur décrit ici? R. d. T.

où il se joint avec le gosier. Au dedans est renfermé un autre canal,
qui, vu au Microscope, paroit être
composé de fibres longitudinales, &
qui est susceptible d'une dilatation &
d'une extension très considerable ;
car après l'avoir allongé deux fois
plus qu'il ne l'est naturellement, de
sorte que son diamètre ne surpassoit
pas celui d'un cheveu, j'en coupai
une petite portion, que je mis dans
une goute d'Eau, & je la dilatai tellement avec deux instrumens poin-
tus, que son diamètre devint dix fois
plus grand : il ne s'ouvre point dans
l'estomac, mais il s'insère dans le Canal qui l'environne extérieurement,
environ à la sixième partie de sa hauteur, & de là il monte, passe au de-
là de la racine du Bec à laquelle il est
adhérent, & va s'attacher, par des
ligamens, presque imperceptibles, à
peu près au milieu de la langue & du
gosier, & se perd ensuite dans le
Corps de l'Animal.

Enfin la partie inférieure est cou-
verte d'une Membrane * fine & trans- * PL. II. I.
parente, qui se joint à l'extrémité de
l'é-

l'étui, & deſſous laquelle il y a une Veſ-
fie, qui contient uneEau claire & limpide, mais dont je ne ſaurois dire l'uſage.

CHAPITRE V.

*Des Vaiſſeaux, qui contiennent la laite
dans le Calmar male, tels qu'on
les découvre avec le Microſcope.*

Vers le milieu de Décembre j'ai
découvert pour la première
fois quelqu'apparence de laite, ou
quelque commencement des Vais-
ſeaux, où elle eſt renfermée. Avant
ce tems j'avois examiné & diſſequé
pluſieurs Calmars, mais ſans remarquer aucun veſtige de laite dans les
males, ou de frai dans les femelles.
J'avois bien vu quelque tems auparavant les deux conduits, par où ſe
fait l'ejection des Vaiſſeaux laiteux ;
mais alors ces conduits ne paroiſſoient
être que deux tubes, placés à côté l'un
de l'autre, ouverts à une de leurs extrémités, & fort reſſemblans aux
parties féminines de la génération
dans

dans les Limaçons : ils ne ſe terminoient point en un long reſervoir o-
vale, étendu parallèlement à l'eſtomac, & occupant plus de la moitié
de la longueur du Poiſſon ; comme
je trouvai enſuite qu'ils ſe terminoient,
lorsque la laite, dont ils étoient remplis, avoit le dégré de maturité néceſſaire pour être dépoſée hors du
Corps. Je ne pouvois donc pas alors
porter un jugement plus déciſif ſur
leur uſage, & cela d'autant plus que
ces mêmes conduits, ſans le reſervoir ovale, ſe trouvent dans la femelle, où ils ſervent peut-être à
donner paſſage au frai.

C'eſt une choſe remarquable, que le
Reſervoir & les Vaiſſeaux, qui contiennent la laite, ſe forment d'eux mêmes inſenſiblement. Ces derniers *,* PL. III,
en ſe développant, ſe rangent par pa- Fig. 6.
quets, plus ou moins éloignés des conduits déferens, ſuivant qu'ils doivent
ſortir du Corps plus ou moins prom-
tement ; & ils ſont diſpoſés de façon, que, quoiqu'ils n'aient pas tous
la même direction, ils ne ſauroient
être

être dérangés ou mêlés par aucune preſſion ordinaire.

Comme j'avois obſervé ces Animaux pendant quelques mois, avant de remarquer aucune apparence de laite, je fus fort ſurpris de trouver ce nouveau Reſervoir, qui ſe formoit de ſoi-même dans un endroit aſſez viſible, & qui étoit rempli d'un ſuc laiteux. Il me paroiſſoit fort étrange, que parmi le grand nombre de Calmars, que j'avois diſſequé, je n'euſſe trouvé aucun male ; cela m'auroit preſque fait douter, que leur multiplication reſſemblât à celle des autres Poiſſons, ſi, dans la ſuite de mes obſervations, le haſard ne m'avoit pas fait remarquer les progrés réguliers de l'expanſion du Reſervoir, & la formation des Vaiſſeaux laiteux.

Avant que ces Vaiſſeaux ſoient entièrement formés, la ſemence eſt répandue dans la partie du Reſervoir, qui s'eſt déja developpée ; & avec les Verres, qui groſſiſſent le plus, on n'y diſtingue que de petits globules opaques, qui nagent dans une eſpèce de

de matière fereufe, fans donner aucun figne de vie. La première fois
que je fis cette découverte, je ne
foupçonnois guères, qu'il fe formât
un nouvel appareil de Vaiffeaux,
(*a*) deftinés à recevoir la femence ;
ainfi je fus fort furpris de trouver en
diférents endroits du Refervoir des
petits Refforts, * faits en fpirale, & * PL. III.
renfermés dans un étui cartilagineux   Fig. 7, &
& tranfparent ; je ne pouvois pas
concevoir quel étoit leur ufage. Ils
me parurent dabord auffi parfaits,
qu'ils m'ont paru dans la fuite, avec
cette feule diférence, c'eft que quand
ils

(*a*) Swammerdam a déja vu des Vaiffeaux,
pareils à ceux-ci, dans la Sèche : il les a bien
décrits, & il en a donné une figure áffez exacte ; il a même vu leur mouvement, & leur
action ; & judicieux, comme il étoit, il a
conjecturé, qu'ils pouvoient avoir le même
ufage qui leur eft attribué ici. Voiez *Biblia
Naturæ*. p. 896. Cependant le mérite de
cette intéreffante découverte eft auffi dû à
Mr. Needham ; car je fai que, quand il a publié cet Ouvrage, il n'avoit point lu la dis-
fertation de Swammerdam fur la Sèche ; &
d'ailleurs il a décrit beaucoup mieux que lui
l'organifation & l'action des Vaiffeaux dont
il s'agit ici. R. d. T.

ils ont acquis toute leur maturité, les tours de leurs ſpirales s'approchent davantage, & les font reſſembler à une vis ; au lieu que, quand ils ne ſont pas ſi avancés, les pas de la vis ſont plus diſtants, & on les prendroit pour un fil tordu aſſez groſſièrement en ſpirale. Ces Reſſorts paroiſſent, avant qu'on découvre aucun veſtige de quelque autre partie. Ils ſont donc la première choſe, qui ſe forme ici.

Dans un Calmar male, que j'examinai quelque tems après, le Reſſort ſpiral étoit parfait, & s'oppoſoit à l'action de la partie inférieure avec toute la force qu'il devoit avoir. Les Vaiſſeaux laiteux étoient à peu près achevés ; mais, comme ils n'avoient pas cependant encore tout le dégré de maturité néceſſaire, ils n'agiſſoient pas comme ils auroient agi, s'il ne leur avoit rien manqué. Toute leur action ſe terminoit conſtamment à rompre leur vis, où elle eſt jointe avec une eſpèce de ſucçoir ou piſton, qui eſt reçu dans une coupe ou barillet, adhérent à une autre partie, dont il ſera parlé dans le moment. Cette rupture ar-

ri-

rive cependant quelques fois par accident dans ceux qui paroiſſent d'ailleurs entièrement finis, & dont l'o-
pération aboutit ordinairement à ce
que le piſton eſt tiré hors du barillet.

Au fond de l'étui des Vaiſſeaux
laiteux de ce Calmar, j'ai découvert
diſtinctement une valvule, qui s'ou-
vroit en dehors, & par laquelle
j'ai fait ſortir ſouvent, par une legè-
re preſſion, la moitié de l'appareil intérieur, pendant qu'une autre valvule donnoit paſſage à la ſemence.
Je conçois que c'eſt par ces valvu-
les que la ſemence eſt attirée dans
l'intérieur de l'étui, & eſt abſorbée par
une ſubſtance ſpongieuſe * qui s'y   * PL. III.
trouve, d'où elle eſt exprimée en-   Fig. 7. *d e.*
ſuite par l'action que je décrirai bien-
tôt. Car dans ce Calmar la ſemence
n'étoit point répandue dans la capa-
cité du Reſervoir, comme dans le
précédent; mais elle avoit été comme ſuccée par tous ces petits Vaiſſeaux laiteux, qui étoient déjà formés, & dont le nombre pouvoit aller à pluſieurs centaines.

C

Dans

Dans un troiſième Calmar, qui é-
toit le plus grand que j'aie vu durant
le cours de mes Obſervations, les
Vaiſſeaux laiteux me parurent parfaits, & ſi murs pour l'action, que
pluſieurs s'ouvroient d'eux mêmes,
avant que j'euſſe le tems de les placer au foïer de mon Microſcope.
C'eſt d'après eux que j'ai fait tirer les
figures 6. 7. 8. 9. de la Planche III.
que je prie le Lecteur de vouloir bien
conſulter dans toute la ſuite de cette
Deſcription.

L'étui extérieur eſt transparent,
cartilagineux, & élaſtique; ſon extrémité ſupérieure eſt terminée par
une tête arrondie, qui n'eſt autre
choſe que le ſommet même de l'é-
tui, contourné de façon qu'il ferme
l'ouverture, par où l'appareil intérieur
s'échappe dans le tems de ſon action.

Au dedans eſt renfermé un tube
transparent, qui eſt élaſtique en tout
ſens, comme il eſt aiſé de s'en
convaincre par les phénomènes qu'il
offre. Ce tube fait éfort pour paſſer par les ouvertures qu'il trouve,
Quoiqu'il ne ſoit pas par-tout éga-
le-

lement vifible, diverfes Expériences prouvent cependant qu'il renferme la vis, le pifton, le barillet,
& la fubftance fpongieufe, qui s'im-
bibe de la femence. La vis $a\,b$ * en
occupe le haut, & fait fortir au delà
de fa partie fupérieure deux petits ligamens, par lefquels elle eft adhérente, auffi-bien que tout le refte de
l'appareil, auquel elle eft jointe, au
fommet de l'étui extérieur. Le pifton b & le barillet c font placés au
milieu de ce tube; la fubftance fpongieufe $d\,e$ dilate fa partie inférieure,
& eft jointe au barillet, par une
efpèce de ligament $d\,c$. Tout cela fe
comprendra aifément par l'infpection
de la figure.

Je vai expofer à prefent les diférens phénomènes qu'on obferve dans
l'action de ces petites Machines. Ils
m'ont paru fi furprenants & fi inex-
plicables, que je ne me fens point
en état de repondre à toutes les conféquences contradictoires, qui femble-
ront peut-être découler des faits que
je rapporterai. Tout ce que je pretend & que je puis affurer ici, c'eft

* PLAN-
CHE III.
Fig. 7.

C 2   que

que ces faits ſont vrais à la lettre, & que pluſieurs perſonnes les ont vus auſſi bien que moi.

Je conſerve dans de l'eſprit de vin quelques uns de ces Vaiſſeaux laiteux, qui y ont retenu leur activité pendant plus de vingts jours, ſans aucune diminution ſenſible; à preſent ils l'ont entièrement perdue, quoique leur forme extérieure ne paroiſſe avoir ſouffert aucun changement, lorsqu'on les examine avec le Microſcope. Si donc l'on veut vérifier les faits dont je parle, il faut avoir ces Vaiſſeaux lorsqu'ils ſont encore frais, & qu'ils ont acquis toute leur maturité; s'ils ne ſont pas tout-à-fait murs, ils feront bien voir la plus grande partie des phénomènes en queſtion, mais non pas tous.

CHAPITRE VI.

Des Phénomènes qu'offre l'action des Vais-
seaux laiteux du Calmar.

Plusieurs de ces Vaisseaux parvenus à leur maturité, & debaras-
sés de cette matière gluante, qui les
environne pendant qu'ils sont dans le
Reservoir de la Laite, agissent dans
le moment qu'ils sont en plein air ;
& peut-être que la légère pression,
qu'ils souffrent en sortant, suffit pour
les déterminer à cela. Cependant la
plus-part peuvent être placés commodement pour être vus au Microscope, avant que leur action commence ; & même pour qu'elle s'exé-
cute, il faut humecter avec une
goute d'eau l'extrémité supérieure
de l'étui extérieur, qui commence
alors à se développer pendant que les
deux petits ligamens, qui sortent
hors de l'étui, se contournent &
s'entortillent en diférentes façons. En
même tems la vis monte lentement,

C 3

les

les volutes qui font à fon bout fupé-
rieur fe rapprochent & agiffent contre le fommet de l'étui ; cependant
celles qui font plus bas avancent auffi,
& femblent être continuellement fuivies par d'autres, qui fortent du pifton ; je dis qu'elles femblent être fuivies, parce que je ne crois pas qu'elles le foient éfectivement : ce n'eft
qu'une fimple apparence produite
par la nature du mouvement de la
vis. Le pifton & le barillet fe meuvent auffi fuivant la même direction;
& la partie inférieure, qui contient
la femence, s'étend en longueur, &
fe meut en même tems vers le haut
de l'étui, ce qu'on remarque par le
vuide qu'elle laiffe au fond. Dès que
la vis, avec le tube dans lequel elle
eft renfermée, commence à paroitre
hors de l'étui, elle fe plie parce-
qu'elle eft retenue par fes deux ligamens ; & cependant tout l'appareil
intérieur continue à fe mouvoir lentement, & par dégrés, jusqu'à ce que
la vis, le pifton & le barillet foient
entièrement fortis : quand cela eft
fait, tout le refte faute dehors en

un

un moment; le piſton * ſe ſépare du barillet *; le ligament apparent, qui eſt au-deſſous de ce dernier, ſe gonfle, & acquiert un diamètre égal à celui de la partie ſpongieuſe qui le ſuit. Celle-ci quoique beaucoup plus large que dans l'étui, devient encore cinq fois plus longue qu'auparavant; le tube qui renferme le tout s'étrècit dans ſon milieu, & forme ainſi deux eſpèces de nœuds *, diſtants environ d'un tiers de ſa longueur de chacune de ſes extrémités. Enſuite la ſemence s'écoule par le barillet *, & elle eſt compoſée de petits globules opaques, qui nagent dans une matière ſéreuſe, ſans donner aucun ſigne de vie, & qui ſont préciſément tels que j'ai dit les avoir vus, lorsqu'ils étoient repandus dans le Reſervoir de la Laite. Dans la figure la partie * compriſe entre les deux nœuds paroit être frangée; quand on l'examine avec attention on trouve que ce qui la fait paroitre telle, c'eſt que la ſubſtance ſpongieuſe, qui eſt en dedans du tube eſt rompue & ſeparée en parcelles à peu près égales. Les

** PL. III. Fig. 8. b c.*

** PL. III. Fig. 8. & 9. d & e.*

** PL. III. Fig. 8. c.*

** d e*

C 4 Phé-

Phénomènes suivants prouveront cela clairement.

Quelques fois il arrive que la vis, & le tube, se rompent précisément au - dessus du piston *, lequel reste dans le barillet, *. Alors le tube se ferme en un moment, & prend une figure conique, en se contractant autant qu'il est possible par dessus l'extrémité de la vis, *. Cela démontre qu'il est très élastique dans cet endroit ; & la manière dont il s'accomode à la figure de la substance qu'il renferme, lorsque celle-ci souffre le moindre changement, prouve qu'il l'est également par tout ailleurs.

Au premier coup d'œil on seroit porté à croire, que l'action de toute cette Machine est due au ressort de la vis. Cependant les Expériences suivantes, que j'ai faites dans la vue de me satisfaire sur cet article, ne prouvent pas seulement la fausseté de cette opinion, en faisant voir que la vis né peut faire autre chose que resister à une force cachée, qui agit sur elle ; mais elles nous offrent encore une suite de Phéno-

mé-

(marginalia, left)
* PL. III.
Fig. 9. *b.*
* *c.*

* *f.*

mènes fi furprenants, qu'ils ont fait
évanouir toutes les hypothèfes que
j'avois imaginées. Ces Expériences
ont été faites avec des Vaiffeaux laiteux, qui n'avoient pas acquis toute
la maturité néceffaire pour la féparation du pifton, la dilatation du ligament apparent, qui eft au-deffous du
barillet, & l'expreffion de la femence; mais qui avoient cependant toute la force requife pour faire fortir
l'appareil intérieur hors de l'étui.
Ces Vaiffeaux pouvoient répondre
auffi parfaitement à mon but que
ceux qui étoient entièrement murs,
& ils ont reparé la perte que j'ai faite
d'un petit nombre de ces derniers,
qui étoient les feuls que j'euffe trouvé propres à mon deffein, durant
le cours de mes recherches, & que
j'avois mis à part pour les obferver.
  Pour qu'on pût aifément diftinguer
ces Vaiffeaux les uns d'avec les autres, j'ai fait repréfenter ceux qui ont
atteint leur maturité dans la Planche
III. fig, 6. 7. 8. & 9., & ceux qui
n'y font pas encore parvenus dans la
Planche IV. La figure 1. de cette

C 5

der-

* PL. IV.
Fig. 1.

dernière Planche * en fait voir un, tel qu'il est après qu'on en a fait sortir tout l'appareil intérieur , en appliquant simplement de l'eau à la tête de l'étui extérieur.

Si l'on divise un Vaisseau laiteux précisément au-dessous du barillet *, la substance spongieuse * qui contient la semence , se dilate au moment même ; & quoiqu'elle ne sorte pas d'abord entièrement, comme cela lui arrive, lorsqu'elle n'est pas séparée du reste de l'appareil, si cependant on l'humecte avec une goute d'eau, elle se meut lentement & par dégrés, jusqu'à ce qu'elle soit presque tout-à-fait hors de l'étui.

* PL. IV.
Fig. 2. a.
* b.

Si l'on coupe l'extrémité inférieure de l'étui *, le ligament apparent, qui est au-dessous du barillet, s'allonge, devient prodigieusement mince, & enfin se rompt, sans causer aucun dérangement dans la vis, ni dans le reste de l'appareil qui est au-dessus: & cependant la substance spongieuse sort par l'ouverture, qui a été faite.

* PL. IV.
Fig. 3.
a. b.

J'ai vu une fois ce ligament * se rompre & frapper avec une telle force

* PL. IV.
Fig. 4. a.

ce

ce contre les parois de l'étui cartilagineux, qui le renfermoit, qu'il s'ou-
vrit un paſſage au travers, & y ren-
trat enſuite en ſe tortillant. Pour expliquer la choſe, il faut ſuppoſer que ce
ligament eſt fort élaſtique, & lui at-
tribuer dans cette occaſion une force,
analogue en quelque façon à celle
d'un fil de ſoie, qui perce une feuille
de papier aſſez épais, lorsqu'après
l'avoir tenu tendu, on le lache tout
d'un coup, en lui donnant une certaine direction par un tour de main
particulier.

Si l'on coupe un Vaiſſeau laiteux
au-deſſus & au-deſſous de la ſubſtance
ſpongieuſe *, celle-ci ſort par l'une & *PL. IV.
Fig. 5. a & b
l'autre extrémité, mais comme elle
s'étend également des deux cotés, une
force détruit l'autre, & ainſi elle
reſte dans l'étui, avec cette diférence, c'eſt qu'elle rend plus viſible le
tube qui la renferme, parce qu'elle
ſe ſépare * dans quelques unes de *c, d, e, f.
ſes diviſions. Par ces diviſions j'en-
tend des eſpèces d'anneaux, qui la
coupent dans toute ſa longueur, &
qui reſſemblent à ceux d'un Vers,

C 6

quoi-

quoiqu'ils ne paroissent pas si réguliers, lorsqu'on les regarde avec le
Verre qui grossit le plus dans un Microscope double; mais vus avec le
Verre, marqué N°. 3, dont on s'est
servi pour dessiner toutes ces figures, ils semblent avoir plus de ré-
gularité; ce sont ces franges dont j'ai
déja parlé. J'ai compté quelques fois
neuf de ces séparations, quoique je
n'en aie fait représenter ici que quatre, parce qu'il n'y a rien de con-
stant à cet égard.

Si l'on fait une petite ouverture,
avec une lancette, au coté de l'étui
extérieur, aussi-tôt la substance spongieuse s'y insinue, & sort en se pliant
en double *.

Il faut remarquer que dès que la
vis est séparée du reste, elle cesse
d'agir, & perd entièrement toute son
activité, ce qui prouve manifeste-
ment que toute la force d'un de ces
Vaisseaux laiteux est due à l'action
de la partie inférieure.

J'ai déjà dit que pour l'ordinaire
les Vaisseaux laiteux devoient être
humectés d'eau pour agir; cependant

* PL. IV.
Fig. 6. a. b.

dant ils agiſſent quelques fois ſans cela, & même au lieu d'eau on peut
emploier de l'eſprit de vin ; mais a-
lors l'éfet eſt beaucoup plus lent, &
la partie inférieure ne ſaute point
hors de l'étui tout d'un coup, comme cela arrive quand l'action eſt régulière ; & encore ce que je dis ici
ne doit-il s'entendre que d'un ſeul
Vaiſſeau placé pour être vu par le
Microſcope ; car ſi l'on plonge le Reſervoir entier dans l'eſprit de vin,
tout le changement qui arrive alors
ſe reduit à ce que la partie inférieure
des Vaiſſeaux s'allonge, & s'éloigne
tant ſoit peu du fond de l'étui extérieur. L'huile, quoique plus propre qu'aucune autre liqueur à amol-
lir & à rendre gliſſant, ne produit
abſolument ici aucun éfet.

En faiſant la recapitulation de ces
diférens Phénomènes, & en les comparant enſemble, il m'eſt venu dans
l'eſprit d'examiner pourquoi le ligament apparent, qui eſt entre le barillet & la partie ſpongieuſe, ne ſe
plie point lorsque celle-ci agit régulièrement ſur tout l'appareil, qui eſt

au-

au - deffus : pourquoi alors tout le vuide qui eft autour de ce ligament ne fe remplit point, & pourquoi enfin cette même partie fpongieufe, qui s'ouvre un paffage, par la plus petite ouverture qui fe prefente, laiffe un efpace vuide au fond de l'étui? Pour m'éclaircir là - deffus, j'ai mis fucceffivement plufieurs Vaiffeaux laiteux, fous un petit Récipient, d'où j'ai tiré l'air avec tout le foin poffible. Je m'imaginois que dans chacun de ces efpaces vuides, il y avoit un volume d'air condenfé. Mais je fus fort furpris de ne voir arriver aucun changement dans les Vaiffeaux fur lesquels je fis cette Expérience. Après que je les eus oté de deffous le Récipient, vus au Microfcope ils me parurent les mêmes qu'auparavant; & quand je les humectai d'eau, je ne remarquai pas que leur action s'opérat avec une force moindre, que celle que m'avoient fait voir ceux qui n'avoient point été dans le vuide.

Si j'avois vu les Animalcules qu'on pretend être dans la femence d'un

Ani-

Animal vivant, peut-être ferois-je en état de déterminer avec quelque certitude, fi ce font réellement des Créatures vivantes, ou fimplement des Machines prodigieufement petites, & qui font en mignature, ce que les Vaiffeaux laiteux du Calmar font en grand. A en juger par le calcul que Mr. Leeuwenhoek a fait du nombre & de la grandeur des Animalcules, qui font dans la femence du Cabiliau, un million de ces Animalcules égaleroit à peine un feul de ces Vaiffeaux laiteux; par conféquent quand on peut voir avec le Microfcope 25 de ceux-ci à la fois, on pourroit voir 19625000 de ceux-là (*a*). Dans la fuppofition donc que ces Animalcules ne font autre chofe que des Machines, dont le jeu s'opère en diférens tems & en diférentes circonftances, fuivant que

les

(*a*) Je foupçonne ici une faute d'impreffion dans l'Original. Car fi un Million de ces oeufs égalent à peine un feul de ces Vaiffeaux laiteux; là où l'on peut voir 25 de ceux-ci, on découvrira 25 millions de ceux-là. R. d. T.

les obstacles, qui s'opposent à leur action sont levés plus ou moins vite:
dans cette supposition, dis-je, concevons que parmi ce grand nombre
il y en a dix mille, qui agissent & se
développent en même tems, ils suf-
firont au milieu d'une telle confu-
sion pour nous déterminer à croire
que tous vivent: concevons de plus
que leur action, de même que celle
des Vaisseaux laiteux, dure environ
trentes secondes : alors comme il y
aura une succession de ces actions,
tout le mouvement ne sera pas fini
dans l'espace de seize heures, & les
pretendus Animalcules paroitront
mourir successivement; aussi est-ce là
ce qu'on voit quand on continue d'observer long-tems la même portion de
semence ; & même les Animalcules
qui y sont paroissent mourir en moins
de tems. Si cette supposition n'est
pas vraie, on aura de la peine à dire
pour quelle raison on ne voit pas
aussi-bien des Animalcules dans la
Laite du Calmar, que dans la semence des autres Animaux ; lors même
qu'on examine cette Laite immédia-
te-

tement après qu'on vient de la tirer
du Corps du Poiſſon vivant (*b*).
Pour

(*b*) Ce que Mr. Needham dit ici ſur l'analogie, qu'il y a ſuivant lui entre les Vaiſſeaux
laiteux du Calmar, & les Animaux ſperma-
tiques, eſt très ingénieux. Cependant c'eſt
là une de ces choſes ſur lesquelles il ne faut
pas prononcer définitivement avant qué d'a-
voir vu les objets dont il s'agit. Quiconque
a examiné attentivement les Animaux ſper-
matiques, aura de la peine à ſe perſuader
que ce ne ſont que de pures machines. La
rapidité de leur mouvement, le ſoin avec lequel ils s'évitent les uns les autres, ſoit en
ſe détournant, ſoit en s'enfonçant dans la
matière dans laquelle ils nagent; leur figure;
tout en un mot nous autoriſe à les ranger
dans la claſſe des Animaux. Les Vaiſſeaux
laiteux ont à la vérité du mouvement, mais
qui difère beaucoup de celui de ces Animalcules, autant au moins que je puis en juger par
la deſcription que nous en donne notre Auteur; car je n'ai jamais vu ces Vaiſſeaux. Et
comme lui de ſon coté n'a pas vu les Animalcules ; nous devons attendre l'un &
l'autre qu'un troiſième, qui aura examiné attentivement ces deux objets, nous apprenne
ce qu'il en faut penſer. La choſe eſt aſſez
intereſſante pour que d'habiles obſervateurs
s'appliquent à cet examen. Notre Auteur
y réuſſira peut-être mieux que qui que ce
ſoit, s'il continue à s'appliquer à l'Hiſtoire
naturelle ; il a toute la ſagacité néceſſaire
dans les obſervations, & en même tems toute

Pour donner plus de force à ce
que je dis ici, ajoutons encore cette
confideration , c'eft que quand les
Vaiffeaux laiteux reftent dans le Corps
du Calmar, fans être expofés à l'Air,
ils retiennent leur activité encore
quelque-tems après la mort de l'Animal ; car fi au bout de quelques jours
on les en tire, on les voit operer a-
vec la même force dès qu'on les humecte d'eau, foit que celle-ci agiffe
fur eux comme un menftrue , foit
qu'elle écarte fimplement les obfta-
cles , qui s'oppofent à leur action. Enfin pour mieux fentir la juftaffe de
la comparaifon que je fais ici, il faut
voir foi-même par le Microfcope ,
les inflexions variées de ces Vais-
feaux, leurs tournoiemens, leurs di-
latations, leurs extènfions, & leurs
divers mouvemens, durant le tems
de leur opération. Cependant je re-
pète ce que j'ai déjà infinué ci-devant: c'eft que je ne me reconnois
point

te la prudence dont on a befoin pour ne pas
donner inconfiderément dans des fyftèmes
peu fondés. R. d. T.

point ici pour un juge competent ;
je ne fais que propofer ma penfée
en forme de queftion, dans l'efpe-
rance que des Naturaliftes, plus ac-
coutumés que moi à faire ufage du
Microfcope, & plus propres par là
même à tirer des conféquences fures
de leurs obfervations, voudront bien
lever mes difficultés.

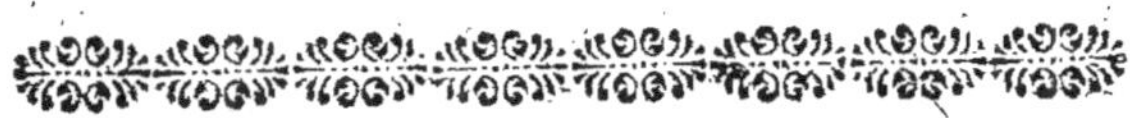

CHAPITRE VII.

Sur la Pouffière qui féconde les Plantes.

C e que j'ai avancé fur la fin du
Chapitre précédent, touchant
l'analogie qu'il y a entre les Vais-
feaux laiteux du Calmar, & les prétendus Animalcules qui fe voient
dans la femence des Animaux males,
peut paffer, ce me femble, pour
quelque chofe de plus qu'un foupçon
ou qu'une fimple poffibilité, fi l'on
examine attentivement les obfervations de Mr. Leeuwenhoek. Ce que
cet Auteur dit de la manière dont

quel-

quelques-uns de ces Animalcules ſe
rompent (*a*) ou ſe developpent;
ou ſur celle dont d'autres changent
(*b*) de figure, lorsqu'ils ſemblent
être

(*a*) „ J'ai pris, dit cet Auteur en parlant
de la ſemence du Cabiliau" ces particules
„ ovales, pour des cadavres d'Animalcules
„ crevés & diſtendus, parce qu'elles parois-
„ ſoient quatre fois plus grandes que les
„ Corps des Animalcules vivants. Dans
„ d'autres endroits, où il y avoit pluſieurs
„ de ces Animalcules près les uns des au-
„ tres, on en voioit un grand nombre, qui
„ reſſembloient à une ſphère tranſparente,
„ & qui étoient comme environnés d'une
„ autre ſphère; on auroit dit que la ſphère
„ transparente étoit renfermée dans l'Ani-
„ malcule, & que celui-ci étoit enveloppé
„ dans une matière aqueuſe, mais qui avoit
„ cependant quelque viscoſité, & qui étoit
„ elle-même entourée d'une membrane. Cet-
„ te membrane venant à ſe rompre, la ſphère
„ intérieure, & la matière qui étoit autour,
„ devenoient viſibles. *Leeuwenboek Conti-*
„ *nuatio Arcanorum Naturæ.* p. 306.

(*b*) En parlant des Animalcules qui ſont
dans la ſemence du Chien, le même Auteur
dit „ J'ai ſouvent remarqué qu'ils changent
„ de figure, ſur-tout quand la liqueur dans
„ laquelle ils vivent & ils nagent s'évapore.

„ De tant de milliers d'Animalcules, dit-
il dans un autre endroit", que j'ai tiré des
„ teſticules du Belier, & que j'ai ſéparé les
„ uns

être morts, ou enfin fur leur mouvement progreſſif, qui ne s'étend
pas au delà de l'épaiſſeur d'un cheveu (*c*) ; tout cela, dis-je, conſi-
deré ſoigneuſement, avec les con-
ſequences, qui en découlent, paroit
confirmer ma penſée; ſur-tout ſi l'on
fait reflexion, que ces changemens
dépendent d'un mécanisme intérieur
& caché, & non de l'extrème dé-
licateſſe de ces Animaux, comme
Mr. Leeuwenhoek l'a ſoupçonné.
Car ce qu'il dit, que les Corps de ces
Animaux placés ſur une lame de verre, ſe ſont conſervés pendant cinq
mois entiers (*d*), prouve que leur
enveloppe extérieure eſt fort dura-
ble,

„ uns des autres, & dont la plus-part ſont
„ encore chez moi, je n'en ai jamais pu
„ voir aucun qui ſe ſoit rompu; mais j'en ai
„ trouvé ſouvent dont le Corps s'étoit ap-
„ plati par l'évaporation de la liqueur. *Ibid.*
„ *pag.* 309.
  (*c*) „ Leur mouvement progreſſif ne s'é-
„ tend pas au delà de la longueur du dia-
„ mètre d'un cheveu. *Id. pag.* 310.
  (*d*) „ Il m'eſt arrivé de laiſſer, pendant
„ cinq mois de ſuite, des Animalcules de
„ la ſemence de Belier, expoſés ſur un verre
„ au

ble, & que peut-être elle est carti-
lagineuse comme l'étui des Vaisseaux
laiteux du Calmar.

Si ma conjecture se trouve véritable, ce qu'on pourra déterminer a-
vec le tems par des observations plus
exactes, l'analogie entre le Règne
végétal, & le Règne animal, paroitra encore plus grande à cet é-
gard, qu'on ne l'a cru jusqu'à present. On trouvera une assez grande
ressemblance entre l'action qu'on voit
lorsqu'on humecte d'eau la Poussière,
qui féconde les Plantes, & celle des
Vaisseaux laiteux dont-il a été parlé:
ce qui prouve que les globules de la
première ont été destinés au même
usage que ceux de ces derniers, &
que leur mécanisme se ressemble assez.

C'est

„ au foïer d'un Microscope; & ensuite de
„ frotter légèrement leur Corps avec un
„ pinceau trempé dans de l'eau de pluye,
„ dans l'esperance qu'en emportant leur épi-
„ derme je pourrois y découvrir quelque
„ chose de plus que quand ils étoient en-
„ tiers: mais j'ai été trompé dans mon at-
„ tente. *Id. ibid. pag.* 309.

C'est ici une curieuse particularité d'Histoire naturelle; il y a déjà quelque-tems que je l'ai observée, & je ne doute pas qu'elle ne soit susceptible de plusieurs éclaircissemens, dont on pourra l'enrichir dans la suite; surtout si l'on parvient à découvrir sur quelque Plante une Poussière, qui soit aussi grande à l'égard de celle qu'on trouve communément, que les Vaisseaux laiteux du Calmar le font à l'égard des Animalcules spermatiques. Alors on sera en état de faire des observations beaucoup plus exactes sur la nature de cette Poussiére, & de voir par ses propres yeux des choses sur lesquelles on ne peut à present raisonner que par conjectures, à cause de la petitesse des globules dont cette Poussière est composée.

Les Naturalistes ne s'accordent pas sur l'usage de cette Poussière, qui est sur les Etamines des Fleurs. Mr. Tournefort a pris ces Etamines pour une espèce de conduits excrétoires, & la Poussière, dont elles sont chargées, pour l'excrément du suc destiné à la nourriture du jeune fruit. Mais

Mes-

Meſſieurs Morland , Geoffroy , &
autres , attribuent à cette Pouſſière
un uſage plus noble, & plus confor-
me, ce ſemble, à la vérité ; ils la regardent comme la matière, qui féconde la graine, ou le fruit qui eſt renfermé dans le Piſtille ; & c'eſt pour
cela qu'on lui donne le nom de Pous-
ſière fécondante.

Ce dernier ſentiment eſt fondé ſur
de très fortes raiſons. Cette Pouſſière ſe trouve dans toutes ſortes de
Fleurs ſans exception ; elle eſt logée
ſoigneuſement dans des capſules, qui
ſont au ſommet des Etamines, tout
autour du Piſtille ; les globules qui
compoſent celle d'une même eſpèce,
ont tous une figure régulière & uniforme ; les capſules qui les renferment ſont ſuſpendues ſi délicatement
aux ſommets des filets qui les ſou-
tiennent, que le moindre ſouffle les
met en mouvement ; ceux qui s'appliquent à l'agriculture éprouvent
conſtamment, que rien n'eſt plus nui-
ſible à leurs recoltes que la pluie qui
tombe ſur leurs blés ou ſur leurs arbres , lorſqu'ils ſont en fleurs ; diverſes

ex-

expériences ont appris qu'on privoit
une Plante de fa fécondité, lorsqu'on
coupoit fon Piftile, avant que la graine, qu'il contient, eut été impregnée
de cette Pouffière; dans les Plantes,
qui portent leur Fleur droite, ce Piftile eft plus court que les Etamines, & il eft plus long dans les autres; fon fommet eft garni de diverfes rangées de petits Mammelons,
qui ont chacun une ouverture pro-
portionnée à la grandeur des globules de la Pouffière; il eft fitué comme il faut pour recevoir ces globules; & enfin l'on y découvre des conduits ou trompes très propres à donner paffage à la partie fécondante de
la Pouffière, pour qu'elle parvienne
dans la Matrice ou l'Ovaire de la Plante. Toutes ces confiderations, jointes aux obfervations, qui ont été faites avec le Microfcope fur l'Embryon
de la femence, avant & après fa fécondation, concourent fi éficacement
à établir le fentiment dont il s'agit,
& mettent fous les yeux, d'une manière fi fenfible, l'admirable uniformité que la Nature femble affecter

D dans

dans les moiens, qu'elle emploie pour parvenir aux fins de la même espèce, qu'il y a peu de systèmes où l'on découvre autant de caractères de vérité.

Pour rendre la chose aussi claire que je crois qu'elle peut l'être par les découvertes que j'ai faites, j'ai choisi le Lis commun. J'ai fait représenter * l'appareil contenu dans son calice, savoir les Etamines avec leurs sommets, l'Ovaire & le Pistile. Cette figure est tirée d'après nature, sans l'aide du Microscope. Dans la figure 2. * on voit un des Mammelons du Pistile, qui contient un globule de Poussière, & tel qu'il paroit lorsqu'on le regarde avec le Verre, N°. 3. d'un double Microscope à reflexion. La figure 3. * fait voir une section transverfale de l'Ovaire. La tête du Pistile est composée de trois lobes, qui par leur réunion extérieure forment un angle rentrant obtus, & se rencontrent en un centre commun, en s'appliquant exactement les uns contre les autres fans laisser aucune ouverture entr'eux. Les lèvres de ces lobes font garnies jusqu'à une
cer-

* PL. V. Fig. 1.

* PL. V.

* PL. V.

certaine profondeur de Mammelons,
tels que celui que j'ai fait reprefenter
*à part. Ces Mammelons ne font
pas feulement fitués extérieurement;
il y en a auffi intérieurement, comme on le voit fur la tête du Piftile
de la Fig. 1. * dont un des lobes ouvert & féparé des deux autres, lais-
fe paroitre fes Mammelons intérieurs.

 Le Corps du Piftile eft auffi divifé
en trois parties, unies par une membrane extérieure, qui enveloppe le tout.
Cette divifion eft une continuation
de celle qui diftingue la tête en lobes,
avec cette diférence, c'eft que l'ex-
cavation extérieure s'évanouit infenfiblement, pendant que les angles,
par lesquels les lobes fe touchent intérieurement, s'émouffent; ce qui fait
que le Piftile devient peu à peu rond,
& qu'il fe forme dans fon intérieur
un efpace vuide & triangulaire, qui
commence un peu au deffous de la
tête. Chacune de ces parties eft un
faifceau de tubes longitudinaires,
qui font des productions des Mammelons, & qu'on peut diftinguer
dans toute la longueur du Piftile par

* PL. V.
Fig. 2.

* PL, V,

D 2   le

le moïen du Microscope ; car en quelque endroit qu'on le coupe transversalement, il paroit percé d'un pro-
digieux nombre de petits trous. Ces
tubes longitudinaires aboutissent &
sont concentrés dans la moëlle de
l'Ovaire, où ils communiquent avec
chaque grain de semence par des petites productions, qu'ils poussent de
tous cotés. Cette moëlle est une substance beaucoup plus dense que le
Placenta, au milieu duquel elle est si-
tuée ; quand on la coupe transversalement, & qu'on l'examine au Microscope, elle semble (*e*) n'être autre chose qu'une expansion des tubes du Pistile, répandus dans toute la capa-
cité de l'Ovaire, comme le Placenta,

(*e*) Dans les Fleurs de la Mauve sauvage,
qui ont leurs Etamines sur leur Pistile même,
on peut suivre à l'oeil nu la continuation
des tubes longitudinaires du Pistile, & voir
comment ils se concentrent dans la moëlle,
on peut même les séparer les uns des autres,
comme les poils d'une brosse, qu'ils égalent en diamètre. Ainsi on peut commodement vérifier, par l'examen de ces Fleurs, ce
que je dis ici.

ta, qui environne les cellules, où font les graines, paroit n'être que l'expansion des tubes du Pédicule.

Il fuit de ces obfervations, & de ce que nous dirons fur l'action de la Pouffière des Etamines, que cette Pouffière entre dans les Mammelons, & qu'elle y pénétre auffi avant que leur cavité conique peut le lui permettre; mais que quand elle fe trouve arretée, elle lance une fubftance, qui fertilife la graine de l'Ovaire, à laquelle elle peut aifément parvenir, par les tubes qui y aboutiffent. C'eft donc une erreur de croire, avec quelques Auteurs, que la cavité qui femble s'étendre tout le long du Piftile de certaines Fleurs, eft un canal deftiné par la Nature à porter cette Pouffière dans l'Ovaire. Car fans parler de diverfes Fleurs, dont le Piftile, au lieu d'une telle cavité, n'a qu'un petit enfoncement au milieu du groupe de fes Mammelons, il eft évident que dans le Piftile du Lis, dont il s'agit ici, les trois lobes font ajuftés de façon, & les Mammelons tellement entrelacés dans l'interieur de leurs

D 3   lè-

lèvres, qu'il n'est pas possible que la Poussière rende fécondes les graines contenues dans l'Ovaire, autrement que je viens de le dire.

Cependant la structure de ces mêmes Mammelons est encore une plus forte preuve de ce que je dis ici, que leur arrangement sur la tête du Pistile. On peut les voir, tels que je les ai fait representer *, par le Verre N°. 3. d'un double Microscope à reflexion. Pour cela il en faut détacher quelques uns délicatement avec la pointe d'une lancette, & les placer au foyer du Microscope dans deux ou trois goutes d'eau, & alors, s'ils sont exposés à un jour favorable, on peut distinguer, malgré leur transparence, l'ouverture, & la cavité destinée à recevoir les grains de Poussière; & même, si les sommets des Etamines ont été auparavant appliqués à la tête du Pistile, de façon qu'ils y aient laissé quelque Poussière adhérente par le moien de l'huile qui en sort, ou autrement, il arrive assez souvent qu'on voit des grains de cette Poussière qui sont entrés, dans quelques

uns

uns de ces Mammelons, comme cela eſt repreſenté dans la figure (*f*). J'ai ſouvent fait uſage de cette méthode avec ſuccès.

Si la tête du Piſtile a été humeƈtée auparavant d'eau, peut-être que cette eau n'agit pas ſeulement comme un menſtrue, mais qu'elle ſert encore ici de véhicule, & fait que les globules de Pouffière s'inſinuent en plus grande quantité dans les Mammelons, que je ne l'ai remarqué.

Ce qui me fait ſoupçonner cela,

(*g*)

(*f*) Ce que dit ici notre Auteur m'a engagé à examiner les Piſtiles de diférentes Fleurs, où j'ai toujours trouvé quelque confirmation de ce qu'il avance. Il eſt même aiſé de s'en convaincre ſans enlever un Mammelon, ce qui eſt une opération aſſez délicate : il ſuffit de conſiderer attentivement avec le Microſcope la tête d'un Piſtile, on y découvrira aiſément les Mammelons en queſtion; & on verra à l'ouverture de pluſieurs des grains de pouffière, dont les uns ſont encore à l'entrée, & les autres plus ou moins enfoncés. La choſe ſera ſur-tout ſenſible ſi l'on choiſit des Fleurs, dont les grains de pouffière ſoient ovales, parce qu'il eſt plus aiſé de diſtinguer juſqu'à quelle profondeur ils ſont entrés. R. D. T.

D 4

(*g*) c'est que voulant examiner si, au
moins dans les Plantes qui ne différent que peu en grandeur & à divers
autres égards, la Poussière d'une espèce ne pourroit point féconder la
graine d'une autre, je coupai les E-
tamines d'une Fleur, avant que sa
graine fut fécondée, & ensuite j'ap-
pliquai à son Pistile une grande quantité de la Poussière d'une autre Fleur.
L'éfet de cette opération fut que je
trouvai que durant l'espace d'une nuit
il étoit sorti du Pistile une grande
quantité de suc, qui formoit une gros-
se goute de liqueur jaune, & qui devoit sa couleur, si je ne me trompe,
à la Poussière que j'y avois appliquée.
Les autres Pistiles, de la même espèce,

(*g*) Je dois remarquer ici que ma conjecture n'est pas aussi juste que je l'avois
cru dabord; car aiant dans la suite appliqué une grande quantité de la Poussière du
Lis à son propre Pistile, je ne vis point
l'éfet dont je parle ici, & que j'avois observé en appliquant à un Lis, la Poussière de la Fleur d'une espèce de Glayeul rou-
ge. Ainsi la chose mérite d'être encore
examinée.

pèce, qui n'avoient point été char-
gés de cette Pouffière, ne fouffrirent
aucun changement, & reftèrent parfaitement fecs.

Il eft naturel de conclure de ce
qui vient d'être dit, que la Pouffière
qui tombe fur la tête des Piftiles,
fe diffout dans les Mammelons, &
qu'il n'y a que fa partie la plus fubtile, qui pénètre dans les tubes. Il y
a déjà long-tems que Mr. Geoffroy
a foupçonné (*b*) cela ; je dis qu'il
l'a foupçonné, parce qu'en éfet il
n'a propofé la chofe que comme une
fimple conjecture. Car jufqu'à prefent l'action de cette Pouffière, lorfqu'elle eft humectée d'eau, a échapé
à tous les Obfervateurs ; comme cela
paroit par ce que difent quelques Naturaliftes, favoir que l'eau ne caufe
aucun changement dans cette Pouffière. Leur erreur eft venue de ce
qu'ils n'ont pas été prefents quand
cet-

(*b*) Voiez fes Obfervations fur la ftructure & l'ufage des principales parties des
Fleurs, dans les *Mémoires de l'Acad. Royale
des Sc.* 1711. R. D. T.

D 5

cette action a eu lieu ; & cela n'eft
pas furprenant, car la pluspart des espèces de Pouffière, furtout lors qu'elles ont été cueillies tout récemment,
& qu'elles font bien mûres, commen-
cent & finiffent d'agir dans l'efpace
de quatre ou cinq fecondes, & pour
qu'on les puiffe voir alors, il faut que
le Microfcope, auquel on les expofe,
foit placé, avant qu'on faffe l'application de l'eau (*i*).

J'ai découvert pour la première
fois

(*i*) Il eft même affez difficile de faire
cette application, fur-tout quand on emploie
des verres qui groffiffent beaucoup & dont
le foyer par conféquent eft fort court: car
alors comme on ne peut guêres appliquer
l'eau, fans regarder à ce qu'on fait, fouvent il arrive que l'action des grains de Pous-
fière eft finie, avant que l'oeil ait eu le
tems de revenir au Microfcope. Ce qui
m'a le mieux réuffi a été de placer la Pous-
fière, que je voulois voir operer, dans le
fond d'un verre objectif concave, & aprés
que mon Microfcope étoit en fituation, de
mettre une goute d'eau fur le bord de la
concavité : cette goute defcendant lentement, me donnoit tout le tems néceffaire
pour appliquer mon oeil au Microfcope,
avant qu'elle eut atteint la pouffière. R. D. T.

fois l'action de cette Poussière dans celle de cette espèce de Lis, qui est connue des Botanistes sous le nom de *Lilium flore reflexo*. Regardant un jour une infusion de cette Poussière dans l'eau commune, je crus remarquer quelque changement dans les grains dont elle étoit composée ; comme si chacun de ces grains avoit fait sortir par une petite ouverture, de sa coque ou de son étui, une traînée de petits globules*, qui vus au Micro- [*] PL. V. scope ne paroissoient que des points, Fig. 4. & 5. enveloppés dans une substance membraneuse, à peu près comme les œufs de quelques Insectes aquatiques, avec lesquels ils avoient éfectivement assez de rapport. Cette particularité auroit déjà du s'offrir à moi longtems auparavant ; car souvent il m'étoit arrivé d'observer des infusions de la Poussière de différentes Fleurs : mais apparemment je n'avois regardé cette substance membraneuse, que comme une matière étrangère, que le hasard avoit placé sous mon Microscope, ou qui avoit été apportée avec l'eau ; & je me persuade que la mê-

D 6

me

me chose est arrivée à d'autres a-
vant moi. Quoi qu'il en soit, dès
que j'eus fait cette découverte, je
plaçai dabord de la Poussière fraiche au foyer de mon Microscope,
que je disposai comme il devoit être;
ensuite je mis sur l'objet une petite
goute d'eau avec le bout d'un pinceau; & alors, dans l'espace de
quelques secondes, j'apperçus distinctement une trainée de globules, enveloppés dans une substance membraneuse, & qui étoient dardés hors des
grains de Poussière: ces globules s'a-
gitoient de coté & d'autre, suivant
des directions diférentes, pendant le
tems de l'action, qui ne duroit qu'u-
PL. V. ne seconde ou deux. Les figures *
Fig. 4. & 5. feront aisément comprendre ce que
je dis ici; il est vrai qu'elles repre-
sentent des grains de Poussière de la
Mauve, mais à cet égard les diverses Poussières difèrent peu les unes
des autres; leur action en général
ressemble assez à celle d'un Éolipile
violemment échauffé.

J'ai repété ensuite cette Expérience sur un très grand nombre de Poussières

fières diférentes, & toujours avec le même fuccès. Mais la Pouffière des Citrouilles eft celle qui m'a donné le plus de fatisfaction, non feulement parce que fes globules étant plus grands que ceux de plufieurs autres Fleurs, je pouvois mieux les obferver avec un verre qui ne groffiffoit pas extrèmement, & dont par conféquent le champ étoit plus étendu; mais encore parce que je pouvois appercevoir clairement leur mouvement intérieur par le moien de deux ou trois tâches lumineufes, qui changeoient continuellement de place pendant l'action; & parce qu'auffi leur éjaculation fe faifoit avec plus de force.

Le refultat de mes obfervations aboutit à ceci. Premièrement, quoique toutes les diverfes efpèces de Pouffières agiffent & fécondent leurs graines refpectives de la même manière, comme j'ai lieu de le croire par les Expériences que j'ai faites fur diférentes fortes, cependant il eft plus aifé d'obferver ce fait dans les Pouffières opaques; la fubftance qui eft dardée par celles qui font trans-

parentes ne paroit dans l'eau que comme une fine vapeur pellucide ; telle
est par exemple celle du Cresson. On
comprend donc qu'il peut y en avoir
de si petites, de cette dernière sorte, que leur action ne sera visible
que très difficilement, si même elle
l'est en aucune façon ; car la matière
qui en sort est à proportion plus fine
& plus transparente (*k*). Ainsi (*l*)
quoi

(*k*) Si l'on ne voit pas distinctement la
matière qui sort de ces grains de Poussière,
l'on en est dédommagé par le mouvement
qu'on remarque dans leur intérieur, & qui
offre un spectacle charmant. Dans ceux
que j'ai examiné, j'ai vu des taches qui par-
toient des extrémités du globule ovale, qui
grossissoient en s'approchant l'une de l'autre, & qui se confondant dans le centre,
disparoissoient parce que le globule perdoit
sa transparence, & peut-être aussi parce que
c'étoit la matière, qui étoit dardée hors du
grain. A l'endroit où elles s'étoient réunies,
j'ai presque toujours observé la cicatrice
dont notre Auteur va parler, & qui a l'air
d'une crevasse formée dans la membrane extérieure du globule. R. D. T.

(*l*) Qu'il me soit permis de hasarder ici
une conjecture ; c'est que quand il arrive que
le Vin pousse au Printems, lorsque les vi-
gnes

quói que je n'aie pas remarqué que l'eau caufât aucune altération fenfible dans les Poufiières des Grenades, des Afperges, du Houblon, & quelques autres Poufiières transparentes, cependant, plutot que de fuppofer que la Nature n'eſt point uniforme dans le choix des moiens qu'elle emploie pour parvenir aux mêmes fins, je fuis porté à croire, qu'on n'apperçoit point l'action de ces Pousfierès, foit à caufe de la petiteffe de leurs globules, dont dix égalent à peine un feul des grains de la Mauve, foit à caufe de la figure & de la ſtruéture de ces globules, qui font tous ovales, & fort legers, quoique cependant plus pefants à leur petit bout, ce qui fait que leur plus large éxtrémité fort hors de l'eau. Si donc la ma-

gnes font en fleurs, cela peut être attribué à une fermentation, qui y eſt excitée par la matière fubtile qui fort des globules de la Poufiière de ces fleurs, & dont je fuis perfuadé que l'Air eſt alors rempli: cette matière, vue au Microfcope, paroit prodigieufement fine, fubtile & pénétrante, ce qui rend ma conjeéture affez vraifemblable.

matière qui doit être jettée, fort par le petit bout, vers lequel il est naturel de suppofer qu'elle est placée à caufe de la transparence & de la légèreté du gros bout, il est clair que l'action de la Pouffière ne fauroit être remarquée par un Obfervateur; & ce peut être là le cas de toutes les efpèces dans lesquelles cet éfet n'est point vifible.

En fecond lieu, il n'y a que peu de grains qui agiffent, fi la Pouffière n'a pas été cueillie recemment; & même encore alors n'agiffent ils pas tous; la raifon de cela, comme je le foupçonne, c'est qu'ils ne font pas tous également murs, & prets pour l'action.

En troifième lieu, il y a quelques efpèces de Pouffières qui agiffent avec tant de force, que quand il y a deux grains contigus, l'action de la matière qui est dardée par l'un repouffe l'autre à une diftance qui égale fix ou fept fois fon diamètre.

En quatrième lieu, quelque efpèce de Pouffière qu'on obferve, on y voit toujours quelques grains qui

font

font crevés & entr'ouverts ; mais cependant dans la pluspart l'ouverture, par où passe la substance intérieure, est imperceptible, lors même qu'on les regarde avec les verres qui grossissent le plus.

En cinquième lieu, la semence ne contient point, avant que d'être fécondée, la Plante en mignature, comme quelques Auteurs l'ont cru : mais c'est la Poussière de la Fleur qui renferme le premier germe ou bouton de la nouvelle Plante ; ce germe pour se développer & pour croitre n'a besoin que du suc, qu'il trouve tout préparé dans l'Ovaire. Car si l'on reflechit sur les conséquences d'une observation qui a déjà été faite par divers Naturalistes, c'est qu'avec les meilleurs Microscopes, on ne découvre rien dans la graine d'une Plante, jusqu'à ce que les sommets des Etamines se soient dechargés de leur Poussière ; que jusqu'à ce tems là cette graine est tout à fait vuide, & qu'on n'y voit rien que sa peau, ou son enveloppe extérieure, mais que dès qu'elle a été impregnée de la Poussière,

fière, on y aperçoit un véritable germe, ou une petite tache verdatre qui
nage dans une liqueur limpide.   Si
dis-je l'on reflechit sur les conféquences de cette obfervation, & fi l'on
compare cette tache verdatre, avec
les globules qui font renfermés dans
la fubftance membraneufe qui fort
d'un grain de Pouffière, il paroitra,
je penfe, très vraifemblable que chacun de ces globules eft un germe réel,
& qu'il n'eft pas impoffible qu'un feul
grain de Pouffière fuffife pour féconder toutes les graines contenues
dans l'Ovaire.

En fixième lieu, la véritable raifon pour laquelle la Pluie eft fi nui-
fible aux Plantes & aux Arbres qui
font en fleurs, ne confifte pas en ce
qu'elle entraine la Pouffière, mais en
ce qu'elle diffout les grains de cette
Pouffière fur les Etamines mêmes, a-
vant qu'ils puiffent atteindre le Piftile, par lequel la matière fécondante,
qu'ils renferment, devroit paffer pour
parvenir à l'Ovaire.   C'eft pour cela
peut-être , qu'on ne trouve jamais
que ces grains foient également murs

&

& prets à agir en même tems, comme j'ai déjà eu occasion de le remarquer.

En septième lieu, c'est par la force de l'action de ces grains, que la substance fécondante est dardée dans les conduits du Pistile qui aboutissent à l'Ovaire. On peut découvrir avec le Microscope ces conduits dans les Pistiles de plusieurs Plantes, mais particulièrement dans ceux du Citronnier. Si l'on coupe un de ces derniers transversalement, & qu'on en place une tranche au foyer d'un Microscope, elle paroîtra rayée comme le Citron même, & l'on y distinguera les conduits, qui aboutissent à chacune des cellules où les graines sont logées. Quant aux Mammelons qui forment la tête de ces conduits dans plusieurs Fleurs, il faut remarquer que la Nature n'est pas uniforme à cet égard, puis qu'il y a diverses Plantes où l'on ne trouve ni ces conduits ni ces Mammelons. Mais alors il y a d'autres parties qui y suppléent, & la fécondation s'opère en général de la même manière dans toutes. On

en

en peut citer pour exemple le Maïz
ou Blé des Indes, où l'on voit au
lieu de conduits des filamens, qui
ſuivant les obſervations de Mr. Lo-
gan, dans les *Tranſ. Philoſ.* N. 440.
p. 192. répondent ſi exactement au
nombre des graines, que ſi l'on en
ote une partie, l'on trouvera que le
nombre des graines fécondées que
portera la Plante, égalera préciſement
celui des filets qu'on aura laiſſé.

En huitième lieu, quoique l'eau
commune ſuffiſe pour exciter l'action
des globules de Pouſſière, cependant
l'application du ſuc qui eſt exprimé
de l'Ovaire, produit un éfet plus im-
médiat, & ſemble être plus éficace
à cet égard.

Enfin, quant à la véritable raiſon,
qui eſt cauſe que l'eau produit cet é-
fet ſur les grains de Pouſſière, je
crois qu'elle reſtera un ſecret. J'a-
vois dabord conjecturé que la ſubſtance membraneuſe, qui enveloppe
les parties qui ſont dardées, étoit
compoſée d'une eſpèce de filaments
ſecs & élaſtiques, qui ſe dilatoient
quand l'eau entroit dans la cavité

de

de la coque ou gousse extérieure, &
que c'étoit là ce qui occasionnoit l'é-
lancement subit de la matière fécondante. Mais aiant essayé par hasard
d'emploier quelque liqueur acide,
comme du jus de Citron & du vinai-
gre, au lieu d'eau, l'action ne s'o-
péra point, & je m'imagine que tout
autre acide, auroit été également in-
éficace : cela m'a convaincu que cette action dépend d'un mécanisme caché, auquel il n'y a pas moien de
parvenir, même par conjectures,
vu la petitesse des Corps dont il s'agit.

Voilà tout ce que j'ai pu découvrir
touchant le Phénomène que nous offre la Poussière qui féconde les Plantes.
Mais avant que de passer à une autre
matière, & pour ne rien omettre
de ce qui peut avoir ici quelque rela-
tion, faisons encore la remarque sui-
vante. Ceux qui pretendent que les
Animalcules spermatiques, sont réellement des Animaux, & non des petites machines, semblables aux vaisseaux laiteux du Calmar ; & qui
croient ainsi détruire l'analogie que
les découvertes précedentes nous au-
tori-

torisent, ce semble, à établir entre le règne animal & le règne végetal; ceux, là-dis-je, ne doivent pas seulement résoudre les objections que divers Auteurs ont avancées contre le système de Mrs. Leeuwenhoek & Andri; il faut encore qu'ils répondent aux questions suivantes. 1°. Si les petits Corps qu'on voit dans la semence sont réellement des Animaux, de l'espèce de ceux qui habitent dans l'eau, pourquoi vivent-ils dans un élement qui est si peu propre pour eux, à cause de sa viscosité, que, comme Mr. Leeuwenhoek même le remarque, s'il n'est pas délayé avec de l'eau, sa consistance fait que ces Animaux sont absolument privés de tout mouvement, dans les endroits où il est le plus épais (*m*)? 2°. Gagne-t-on

(*m*) La manière modeste avec laquelle notre Auteur propose ici ses doutes, témoigne chez lui tant d'amour pour la vérité, & si peu de prévention en faveur de ses propres idées, que je suis sûr qu'il ne trouvera pas mauvais si j'essaie de répondre en peu de mots à ses questions : je le ferai donc,

on quelque chofe, ou éclaircit-on davantage la matière en foutenant que
les Animalcules contribuent en quelque manière à la géneration , puis
qu'on peut toujours demander, comment ces Animaux fe produifent; à
moins qu'on ne veuille en poufler le
nom-

donc, non que je croie pouvoir refoudre
parfaitement fes difficultés , mais afin de
l'engager à examiner la chofe encore plus
murement, au cas que cette Traduction parvienne , jufqu'à lui. Je commence donc
par cette première queftion. Pour la refoudre avec plus de connoiffance de caufe
j'ai examiné le fperme de divers Animaux,
& fans qu'il fut néceffaire de le délaier avec
de l'eau, j'y ai toujours vu un très grand
nombre de ces petits Corps, qu'on prend
pour des Animalcules, fe mouvoir de tout
coté. Ainfi cet élement n'eft pas auffi contraire pour eux que la queftion femble le
fupofer. A la vérité ils paroiffent quelques fois fans mouvement dans les endroits
où la liqueur eft plus épaiffe ; mais eft-on
fur qu'il en foit de même dans le refervoir
d'où ils fortent? Renfermez là dans un plus
grand efpace, ils peuvent aifément éviter
ces endroits où ils ne nagent pas à leur aife;
au lieu qu'il n'en eft pas de même d'une
goute de liqueur , qu'on place au Foïer
d'un Microfcope. Ces Animalcules n'ont pas
été faits pour être vus de cette façon. R. D. T.

nombre jusqu'à une suite infinie (*n*)? 3°. Sans rien déroger à ce que nous connoissons de la Sageffe du Créateur, ne sommes nous pas autant autorisés à dire que le Foetus tire son origine d'un point de matière sans vie, que d'affurer qu'il nait d'un Animacule (*o*)? 4°. Dans les jeunes fu-

(*n*) Cette queftion ne fait proprement rien au fujet. Il ne s'agit pas ici de l'ufage de ces Animalcules, mais de leur réalité. Quand même on démontreroit que ce n'eft point d'eux que le Foetus tire son origine, on ne prouveroit pas par là qu'ils n'exiftent point ; & c'eft contre leur exiftence qu'on argumente. Cependant pour repondre à cette même queftion, je ne vois pas qu'il y ait aucune abfurdité à suppofer ici une fuite infinie, ou pour parler plus exactement, une fuite compofée d'un très grand nombre de dégrés. Quand il s'agit de l'Etre fuprème, créer une fuite de dix Animalcules, ou en créer une d'un million , c'eft la même chofe. R. D. T.

(*o*) En ne confultant que la puiffance du Créateur , fans contredit nous fommes autant fondés à dire que le Foetus tire son origine d'un point de matière fans vie, que d'un Animalcule. Mais il s'agit ici de ce que le Créateur a fait, & non de ce qu'il auroit pu faire. Si les Animalcules exiftent réellement,

ment,

fujets, pourquoi les Animalcules, fuppofé qu'on puiffe fe fervir de ce mot, reftent-ils long-tems imparfaits, & de façon que, fuivant les obfervations de Mr. Leeuwenhoek, ils ne paroiffent pendant plufieurs années que comme des points ou des globules fans vie, qui flottent dans une liqueur (*p*)? Ne pourroit-on pas dé-

ment, & font les principes du Foetus, ce feroit déroger à fa Sageffe que de dire qu'il auroit pu faire que la multiplication de l'espèce animale s'opérat par un autre moïen: celui qu'il a choifi eft le plus convenable, & fa Puiffance ne fauroit executer, que ce que fa Sageffe trouve le meilleur. Et d'ailleurs, pouvons-nous affurer que ce ne feroit point déroger à cette même Sageffe, que de dire que Dieu eft obligé de créer de nouvelles Ames, pour tous les Animaux qui naiffent? ce qui eft cependant une conféquence, qu'il faut digérer lorsqu'on n'admet point l'exiftence des Animalcules? R. D. T.

(*p*) Si dans les jeunes fujets ces Animalcules ne donnent aucun figne de vie, cela ne peut-il pas venir de ce que, n'y trouvant pas un Elément qui leur convienne, ils reftent dans un état de Nymphe, jufqu'à ce que cet Elément ait acquis le dégré de perfection, qui leur eft néceffaire? R. D. T.

E

déduire de cette obfervation , qu'il y a ici quelque chofe d'analogue à la formation graduelle des Vaiffeaux laiteux dans le Calmar , dont j'ai parlé ci-devant , plu-tôt que d'en conclure qu'un Animal eft le principe de la génération? En un mot pour prouver la réalité de ces Animalcules , il faut quelque chofe de plus que leur mouvement dans la liqueur où ils font , car cette raifon eft fort équivoque , puis-qu'un femblable mouvement a lieu dans les Vaiffeaux laiteux du Calmar , (*q*) qui font inconteftablement de pures machines. La durée du mouvement qu'on a obfervé dans quelques uns de ces Animaux , & qui furpaffe peut-être celle de l'agitation des Vaiffeaux laiteux , & cela à caufe de l'efpace qu'ils ont à parcourir , avant que de parvenir dans l'Uterus au point où fe fait l'impregnation ; cette durée , dis-je ,

(*q*) Par ce que j'ai dit ci-devant *pag.* 65. il paroit qu'il y a quelques diférences entre le mouvement de ces Animalcules , & celui des Vaiffeaux laiteux. R. D. T.

je, à moins qu'elle ne ſurpaſſe de beaucoup celle des Vaiſſeaux laiteux, n'ajoute aucune force aux argumens, par lesquels on tache d'établir l'exiſtence des Animalcules; car elle peut dépendre de la nature de ces petites Machines, auſſi bien que de pluſieurs autres circonſtances, que nous ne connoiſſons pas aſſez bien.

CHAPITRE VIII.

Des Anguilles qui ſont dans le Blé, gaté par la Nielle.

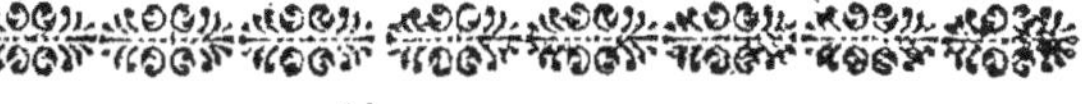

L a Nielle eſt une maladie du Blé, dont elle détruit la ſubſtance farineuſe, qui eſt au-dedans, & introduit à ſa place une matière étrangère, qui ternit & noircit le grain, au moins extérieurement. Cette matière eſt ou une Pouſſière noire & fort fine, mais dont les parties, vues au Microſcope, n'ont point une figure uniforme; ou c'eſt une ſubſtance blanche, toute compoſée de longues fibres, * empaquetées en-

* PL. V.
Fig. 6.

E 2   ſem-

femble, & qui ne donnent aucun figne
de vie ou de mouvement, fi on les expofe au Microfcope, telles qu'on les tire du grain, fans leur appliquer de l'eau.

La première fois que je les décou-
vris, je n'avois d'autre deffein en
leur appliquant de l'eau, que de développer ces paquets, afin que je
puffe examiner les fibres plus commodement; je fus par conféquent bien furpris de les voir en un inftant prendre
vie, & fe mouvoir régulièrement, non
d'un mouvement progreffif, mais en
tortillant chacune de leurs extrémités, & perfeverer dans cette agitation jusqu'au lendemain.

J'ai repété cette obfervation en
divers tems, avec cette diférence
feulement; c'eft qu'au commencement, lorsque les grains étoient cueillis récemment, & qu'ils étoient encore mols, il fuffifoit d'en tirer les
Animalcules, & leur appliquer de
l'eau, pour les voir remuer; mais
enfuite, lorsque ces grains ont été
gardés quelque tems, il m'a fallu
les macerer dans l'eau pendant quelques heures, & alors quand j'en ti-
rois

rois les Animaux, je les voiois s'animer peu à peu, lorsque je les expofois au Microfcope dans une goute d'eau; au lieu que fi je ne prenois pas cette précaution, il n'y en avoit presque aucun qui donnat quelque figne de vie.

Comment ces Anguilles, car je puis leur donner ce nom, parce que ce font des Animalcules aquatiques, qui reffemblent affez aux Anguilles d'eau douce, avec cette diférence cependant, c'eft que leurs deux extrémités font tout-à-fait femblables *, fans qu'on y remarque aucune apparence de bouche ou de tête; comment ces Anguilles, dis-je, fubfiftent-elles; d'où viennent-elles; fi elles fubiffent quelque changement, en quoi fe convertiffent-elles; ou comment multiplient-elles? Je n'ai rien pu découvrir là-deffus: tout ce que je fai, c'eft que j'en ai obfervé pendant fept ou huit femaines de fuite, que j'ai confervé en vie uniquement en leur fourniffant de la nouvelle eau: fouvent j'en ai auffi laiffé fècher, pendant quelques jours après que l'eau s'étoit évaporée,

* PL. V.
Fig. 7.

E 3

rée,

rée , & enfuite elles ont repris vie dès que je leur ai redonné de l'eau fraiche. Mais ce qui m'a furpris le plus, c'eſt que j'ai actuellement des grains de ce Blé gaté par la Nielle, qui ont été cueillis il y a plus de deux ans ici en Angleterre, où je les ai confervé fecs pendant un été dans une boëte, & enfuite je les ai porté avec moi dans un climat beaucoup plus chaud, je veux dire en Portugal, où ils ont paſſé un fecond été , & cependant ils m'offrent encore à prefent les mê mes phénomènes, fans que j'y puiſſe remarquer aucun changement (*a*).

La

(*a*) Un de mes Amis aïant eu l'avantage de voir à Londres Mr. Needham, en a re çu quelques grains de ce Blé dont il s'agit ici, & il a eu la bonté de les partager avec moi. J'ai vu avec admiration les Anguilles qui font dans leur intérieur; & comme ce fpectacle m'a paru fort furprenant, j'y fuis revenu plufieurs fois, toujours avec le mê me plaifir. Quoique le mouvement de ces Anguilles foit très fenfible, je n'oferois ce pendant pas affurer pofitivement que ce font des Animaux. Peut-être ne font-elles que des Etuis qui renferment d'autres petits Animalcules. Ce qui me le feroit croire c'eſt

La Nature singulière de ces Animalcules, quelqu'inexplicable qu'elle soit en elle-même, nous sert de
confirmation & nous met en état de
rendre raison d'une observation qui
a été faite par plusieurs habitans de
la campagne, & dont parle Mr.
Bradley ; c'est qu'entr'autres cau-
ses, ce qui occasionne la Nielle dans
les

c'est un phénomène dont j'ai été témoin
plusieurs fois, & dont je dois la découverte à une personne à qui j'avois donné
quelques grains de ce Blé. Voici le fait.
Il arrive assez souvent à ces Anguilles de se
rompre, & alors on voit sortir de leur Corps
plusieurs petits globules, noiratres ; enveloppés dans une fine membrane; or j'ai observé plusieurs fois que de ces paquets de
globules, il sortoit de petits Corps qui na-
geoient dans l'eau avec beaucoup de vitesse.
Ces globules, qu'on peut même découvrir
dans le Corps de l'Anguille à cause de sa
transparence, sont-ils donc de petits animaux,
renfermés dans l'Anguille, comme dans un
Etui? Pour être en état de resoudre la question, il faut observer de suite une Anguille
jusqu'à ce qu'on ait vu tous les globules en
sortir ; examiner ce qu'elle devient alors,
& suivre les progrès de ces derniers. Mais
quoi qu'il en soit, le merveilleux de la
chose subsistera toujours dans son entier.
R. D. T.

E 4

les Blés, eft que parmi les grains qu'on fème, il y en a qui font infectés de cette maladie. Car fi l'on fuppofe que ces Animaux trouvent dans la Terre une humidité fuffifante pour leur donner la vie, fi je puis m'exprimer ainfi, eux ou leurs oeufs peuvent aifément s'infinuer dans le jeune Blé, & croitre avec lui. En conféquence de cela Mr. Bradley ordonne une forte faumure avec de l'Alun diffout, où l'on mettra tremper le grain pendant trente heures; après quói on le lavera dans l'eau fraiche, & enfuite l'on écumera foigneufement les grains qui furnageront, parce que ce fera une marque qu'ils feront gatés : par là on parviendra à garantir la nouvelle recolte de cette infection. L'éfet de cette macération eft dû vraifemblablement aux parties falines qui pénètrent dans les grains, & qui détruifent les Animalcules par tout où ils en trouvent. Mr. Bradley affure en même tems, que fi cette macération n'a pas quelque-fois le fuccès qu'on en attend, cela vient ou de ce que la fau-

mure

mure n'a pas été assez forte, ou de ce que le Blé n'y a pas trempé assez long-tems. En éfet, aiant fait tremper des grains gatés dans une forte saumure, composée exactement suivant l'ordonnance, & les aiant examiné au bout de douze, ou quinze heures, j'en tirai des Animaux vivans, mais je n'apperçus aucun signe de vie dans ceux que je laissai macerer pendant trente heures ou plus. J'ai fait representer dans la Fig. 6. de la Planche V. une goute d'eau, remplie de ces Anguilles, telle qu'on la voit avec le Verre N. 3. d'un double Microscope à reflexion; & dans la Fig. 7. on voit une de ces Anguilles, telle qu'elle paroit avec le Verre qui grossit le plus.

CHAPITRE IX.

D'un petit Insecte, de l'espèce des Scarabées, trouvé sur le Narcisse.

Mr. de Reaumur a observé avec raison, dans le cinquième de ses Mémoires pour servir à l'Histoire

des

des Infectes, Tom. 4. que les Pouſ-
fières qu'on trouve ſur les ailes des
Papillons, méritent moins le nom
de Plumes que celui d'Ecailles, auxquelles elles reſſemblent aſſez. Quoiqu'elles ſervent à fortifier les ailes
du Papillon, & qu'en ce ſens elles
ſoient utiles à cet Animal, il ſemble
cependant qu'elles ſont plu-tôt deſti-
nées à l'ornement, qu'à aucun uſage
réel.   Un petit Inſecte *, de l'eſpe-
ce des Scarabées, qui ſe nourrit de la
Pouſſière des Etamines du Narciſſe,
paroit confirmer cela : c'eſt je crois
un Animal ſingulier en ſon eſpèce;
au moins je n'en ai pas vu d'autres
qui lui reſſemblent.   Toute la ſurface extérieure de ſon Corps eſt ornée
& couverte d'écailles * ; celles qui
ſont ſur les foureaux de ſes Ailes ſont
de couleurs diférentes, & ſont dis-
poſées de façon qu'elles forment des
taches ou mouchetures ſur toute l'é-
tendue du foureau.   Cet Inſecte eſt
ſi petit, comme on en peut juger
par la fig. 8. où il eſt repréſenté de
grandeur naturelle, que je n'aurois
pas fait attention à cette particularité,

té, ſi je n'avois pas remarqué par haſard, que quand je le maniois il changeoit de couleur, & perdoit de ſes mouchetures. Les écailles dont il eſt couvert ſont les plus petites que j'aie vues. Je les ai fait repreſenter ici telles qu'elles paroiſſent avec le verre qui groſſit le plus, dans un double Microſcope à reflexion ; à peine ſont-elles viſibles avec un Ver- re qui groſſit moins. Pour repreſen- ter l'Animal même, *je me ſuis con- tenté d'emploier une forte loupe. Dans les fig. 9. & 10. on le voit par deſſus & par deſſous, avec la tête dres- ſée, & les fig. 11. & 12. le font voir de la même manière, avec cette ſeule di- férence, c'eſt que ſa tête eſt dans ſon attitude naturelle. Peut-être que ſi l'on examinoit les petites taches ſur pluſieurs Inſectes de ce genre, & ſur quelques autres, on trouveroit qu'elles ſont dues, à un arrangement d'écailles de la même nature.

* PL. V.
Fig. 9. 10.
11. 12.

E 6   CHA-

CHAPITRE X.

Des Oeufs de la Raye.

La Raye, autant que nous en pouvons juger par la confideration de fes Oeufs, ne multiplie pas fon efpèce de la même manière que la plus-part des autres Poiffons ; on fait que ceux-ci fe raffemblent par troupes dans les endroits où les Femelles dépofent leur fray, qui eft dabord fécondé, fans qu'il fe faffe aucune copulation des deux fexes. Les Oeufs de la Raye, au contraire, font vraifemblablement rendus féconds, avant que de fortir du Corps de l'Animal. Leur coque eft mince, d'un brun obfcur, quelque peu tranfparente, & fort dure ; & leur figure eft telle que je l'ai fait reprefenter *. Ils font remplis intérieurement, de même que les autres Oeufs, d'un blanc qui environne une fubftance analogue au jaune ordinaire, excepté qu'elle eft blanche : durcie dans l'eau chau-

* PL. V.
Fig. 16.

chaude, elle paroît auffi être compofée de globules, qu'on fuppofe être
de petites veficules , qui contiennent ce qui fert de nourriture au foetus; & de même encore que dans
les autres Oeufs, toute cette fubftance intérieure a une enveloppe commune , favoir une Membrane qui
tapiffe la cavité de la coque : outre
cela le blanc, & la matière analogue
au jaune, ont leurs enveloppes particulières ; mais cette dernière matière n'eft point fufpendue par fes po-
les, apparemment parce que dans
les Oeufs de cette forme les ligamens
qui fe trouvent dans les autres ne font
pas néceffaires. On peut découvrir
aifément, même à l'oeil nud, leur
cicatricule, qui paroît rayée, & qui
a quelque reffemblance avec la coupe transverfale d'un Citron ; elle
prouve que l'Oeuf eft fécondé avant
que d'être dépofé hors du Corps. La
defcription & la figure que j'ai donné de ces Oeufs, ont été faites d'a-
près des Oeufs tirés tout récemment
de l'Ovaire ou de l'Uterus de la Raye.

E 7   C H A-

CHAPITRE XI.

Du Bernacle.

J'ai déjà fait connoitre en quelque manière cette Production marine, & j'en ai donné une description générale dans l'Introduction, qui eft à la tête de cet Ouvrage. Depuis lors j'ai eu occafion d'examiner cet Animal avec plus d'attention, de façon que je fuis en état d'en donner à prefent une description plus exacte, accompagnée de figures qui m'ont paru néceffaires, pour éclaircir ce que j'ai à dire. Cependant je ne fuis pas encore parvenu à découvrir quelque chofe d'auffi fatisfaifant que je le fouhaiterois, fur la manière dont il fe multiplie (a). En ouvrant la Coquille qui eft à l'extrémité de la longue queuë cylindrique de tous les Bernacles, j'ai trou-

(a) Voïez ce que j'ai dit là-deffus, dans l'Introduction p. 8. n. b. & confultez les fig. 1. & 2. de la Pl. VII. R. D. T.

trouvé dans plusieurs une excrescence
bleuë, placée de chaque coté & immédiatement au dessous du groupe
de Cornes. Ces excrescences, vues
au Microscope, m'ont paru être un
sac membraneux, rempli de petits
globules bleus, d'une figure ovale &
uniforme, & assez semblables au
fray des autres Poissons; mais cette
ressemblance, n'étant accompagnée
d'aucune des autres observations qui
seroient ici nécessaires, ne forme
tout au plus qu'un argument qui a
quelque probabilité : ainsi je ne saurois déterminer avec certitude si leur
adhésion par troupes, & l'union in-
time des racines de leurs Pédicules,
est due à quelque analogie entre leur
multiplication & celle du Polype,
ou si elle vient de ce que les parties
du fray, déposé hors de leur Corps,
restent & croissent unies les unes aux
autres, & cela par la même cause
qui fait que l'Animal, dès le tems de
sa nativité, est fixé aux vaisseaux
ou aux rochers, dont il paroit sortir.
Nous pouvons distinguer dans cette Production marine, vue à l'oeil nud,

trois

trois parties remarquables ; savoir
le Pédicule noiratre * & cylindrique,
par la baze duquel elle est adhérente aux vaisseaux ou aux rochers,
sur lesquels on la trouve ; la Coquille * dont ce Pédicule est armé, & le
Poisson même *, renfermé dans cette
Coquille. Le Pédicule est creux dans
toute sa longueur, mais de façon que
le diamètre de sa cavité intérieure
n'est pas proportionné à celui de sa
circonference extérieure ; & cela à
cause de l'épaisseur de la substance
de ce Pédicule ; car il est formé
de diverses membranes, renfermées
les unes dans les autres, & compo-
sées de fibres longitudinales. Ces fibres sont susceptibles d'une grande
extension, de sorte que quand l'Animal est en vie, il peut acquerir une
longueur à peu près double de celle
qu'il a naturellement, mais quand elles
se sèchent, elles se contractent, se dur-
cissent, & deviennent rudes comme du
chagrin. J'ai cru dabord que ce Pédicule étoit l'Etui qui contenoit le Corps du
Poisson ; mais après avoir bien examiné la chose, j'ai vu que ce dernier étoit
                                    ren-

renfermé uniquement dans la Coquille, sans avoir aucune communication sensible avec ce tuiau cylindrique, que j'appelle à cause de cela Queuë ou Pédicule, & non une partie de l'Etui, pour laquelle je l'avois pris dabord.

La Coquille, qui contient le Poisson, est bivalve en apparence, mais si on l'examine un peu attentivement on découvre bien-tôt que chacun de ses cotés est composé de deux pièces *, adhérentes l'une à l'autre par une fine Membrane, qui en tapisse toute la surface concave, & qui s'insinuant entre chaque division *, joint ces pièces ensemble de façon que l'Animal a l'avantage de pouvoir attirer à soi l'eau & la nourriture ; & pour cela il n'est point nécessaire que les deux battans de sa Coquille s'éloignent l'un de l'autre, comme ceux des Huitres & des Moules ; ils en sont empèchés par une charnière * courbe & concave, dans les bords de laquelle ils sont engrainés , & qui s'étend au delà de la moitié de leur circonférence ; mais ils forment un angle à chacune de leurs divisions, & par là

** PL. VI.*
Fig. 2. a. b.
PL. VII.
Fig. 1. f.
& g.
** PL. VII.*
Fig. 1. h

** PL. VI.*
Fig. 3. &
PL. VII.
Fig. 1. e. i

là ils laissent entr'eux une ouverture
qui a à peu près la figure d'un rhom-
boïde *.   Ainsi tout ce qui est atti-
ré par le jeu des Cornes du Poisson
est aisément retenu dans cette cavité.   Lorsque l'Animal est tranquille,
sa Coquille est toujours ouverte,
parce qu'il a continuellement besoin
de nouvelle eau, qu'il succe & qu'il
rejette alternativement ; ce qu'on
peut remarquer par le jeu de deux
Antennes correspondentes, qui ressemblent à celles de quelques Insectes, & dont le mouvement répond
assez bien à celui des Ouïes des autres Poissons.

La tête de cet Animal est garnie d'une vingtaine de Cornes *,
ou même de plus. La longueur de
ces Cornes diminue par dégrés, &
elles forment des courbes irrégulières
enfermées les unes dans les autres.
Leur coté concave est partagé par diverses incisions * ; dans les intervalles
compris entre ces incisions, il y a des
touffes de poils, qui ont assez la figure
de petites brosses. Le Poisson peut les
faire sortir ou les retirer à volonté, &

en

* PL. VII. Fig. 2. c.

* PL. VI. Fig. 1. c. c. c.

* PL. VI. Fig. 4.

en les agitant foit dans l'intérieur de fa Coquille, foit dehors, il forme dans l'eau un courant qui entraine à lui la proye dont il fe nourrit. Ce qui me porte à croire cela, c'eft qu'en expofant au Microfcope la tête de cet Animal avec fes Cornes, pour en mieux examiner l'arrangement, j'ai trouvé quelquefois deux fortes d'Animalcules, pas plus gros qu'un grain de fable, dont les uns reffembloient à des Crabbes, & les autres à des Pucerons d'eau, & qui étoient engagés dans les longs poils, qui garniffent la concavité des Cornes.

Ces Cornes vues au Microfcope, paroiffent un peu opaques, mais on peut les rendre transparentes en tirant hors de leur cavité intérieure un paquet de longues fibres, qui s'étendent d'une de leurs extrémités à l'autre; & à cet égard ces Cornes paroiffent reffembler à celles des Chevrettes, & des Ecreviffes, tant de rivière que de mer.

Au milieu du groupe de ces Cornes, précifément au-deffus de la bouche, il y a une Trompe creufe *, * PL. VI. Fig. 1. *f.* qui confifte dans un Tube chargé

de

de poils, & coupé par des jointures; elle renferme une espèce de langue ronde & longue, assez semblable à celle d'un Pivert, & que je crois pouvoir être dardée hors de son foureau, ou retirée au dedans, suivant que les besoins de l'Animal l'exigent. J'ai fait représenter cette Trompe * telle qu'elle m'a paru au Microscope, immédiatement après l'avoir séparée de la tête d'un Bernacle vivant; & j'ai pu même distinguer alors l'extrémité de la langue, qui sortoit & rentroit dans son étui par un mouvement convulsif, qu'elle conserve long-tems, après avoir été séparée.

La Bouche * de cet Animal est singulière dans son espèce. Elle consiste en six lames, qui peuvent s'écarter les unes des autres, & qui sont dentelées * comme une scie sur leur bord convexe. Ces lames sont disposées en cercle, & fixées par l'extrémité, à laquelle on voit encore, dans la figure, les restes des Nerfs qui leur communiquent le mouvement; leur arrangement est tel,

qu'en

qu'en s'élevant & s'abaissant alternativement, leurs dents se correspon-
dent en agissant sur ce qui se presen-
te à leur action, Elles sont appliquées les unes contre les autres, de
façon qu'elles forment une ouverture
plissée, qui ressemble à celle d'une
bourse dont les cordons sont tirés,
& quand elles concourent à saisir
leur proie, on comprend aisément
qu'armées comme elles sont, elles ne
la laissent pas échaper. La figure
d'une de ces six lames, que j'ai fait
representer, telle qu'elle paroit avec
le Verre N. 3. d'un Microscope,
donnera une plus juste idée de leur
structure, que tout ce que je pourrois en dire; ainsi j'y renvoie le Lecteur.

Le Corps même du Poisson ne m'a
rien fait voir de remarquable; tout
ce que j'en dirai, c'est que pour
la figure il ressemble assez à celui
d'une petite Huitre.

Il y a une autre espèce de Bernacles, mais plus petits que ceux que
je viens de décrire. On les trouve
aussi adhérents aux Vaisseaux ou aux
Rochers; & ils diférent principalement

ment des autres en ce que la Coquille * qui renferme immédiatement leur
Corps, avec le Pédicule sur lequel il
est fixé, est logée dans une autre
Coquille * univalve, qui a la forme
d'un Cone tronqué, qui s'attache
contre le fond des Vaisseaux, comme celle d'un Gland de Mer, avec
laquelle il est aisé de la confondre.
Le Pédicule dans cette dernière espèce, est à proportion plus court que
dans l'autre forte : il n'a précisément
que la longueur qui lui est nécessaire
pour que l'Animal puisse faire sortir
son appareil de Cornes, hors de sa
Coquille univalve. Ces petits Bernacles ont aussi une Trompe *, que
j'ai fait représenter, telle qu'elle paroit au Microscope *, afin qu'on puisse voir en quoi elle difère de celle
des grands Bernacles. Elle renferme
une langue qui est beaucoup plus
longue que celle de ces derniers, à
proportion de la taille de l'Animal,
& qui, quand elle est retirée dans son
étui, est plissée & contournée en
spirale.

Il ne me reste plus rien à ajouter
sur

fur ces Animaux; ainfi je finirai ce
Chapitre en repetant l'obfervation
que j'ai déjà faite dans l'Introduction
à cet Ouvrage; c'eft qu'il paroit qu'il
y a une affez grande analogie, entre
ces Productions marines, & ces A-
nimalcules à rouës, dont Mr. Leeuwenhoek a découvert deux efpèces
diférentes: les uns, qui fe trouvent
dans des goutières de plomb, retirent leurs rouës au dedans de leur
Corps, dès qu'ils font inquiettés; les
autres fe fixent fur des Plantes aquatiques, & ils ne retirent pas feulement
leurs rouës dans leur Corps, mais tout
leur Corps même fe contracte, & fe ca-
che dans un étui. Il n'eft pas néceffaire de rapporter encore ici ces particularités qui fe trouvent dans mon Introduction, & par lesquelles j'ai taché de prouver, que la rotation ap-
parente de ces Animaux n'eft qu'un
éfet analogue au jeu du groupe des
Cornes des Bernacles. Je fuis perfuadé que fi l'on confidère attentivement la defcription que je viens de
donner de ces derniers, & fi l'on en
fait l'application aux Animalcules de

M.

M. Leeuwenhoek, en aiant égard à la petiteſſe de ces derniers, qui eſt telle que les meilleurs Microſcopes ne nous les font voir qu'imparfaitement; je ſuis perſuadé, dis-je, que la plus-part des Phénomènes qu'ils nous ofrent, pourront être expliqués à l'aide de leur analogie avec les deux ſortes de Bernacles dont j'ai parlé, ſur-tout ſi l'on compare ceux-ci avec les Polypes à pannache de Mr. Trembley, dont ils ne ſemblent differer qu'en grandeur. Ce mouvement de rouës, qui ſemblent tourner autour d'un axe, ne peut s'expliquer qu'en deux manières : ou en ſupoſant qu'il eſt réel, mais alors il ne ſeroit guères compatible avec l'économie anima-le ; ou en diſant qu'il n'eſt qu'appa-rent, & ocaſionné par le jeu d'un groupe de Cornes ; car s'il étoit réel, il ne ſauroit avoir lieu, comme je l'ai déjà remarqué ci-devant, que quand l'appareil de ces rouës ſeroit tout à fait détaché ; & dans ce cas l'Animal ne pourroit pas diriger ſon mouvement, & l'on comprendroit dificilement, comment il croitroit &

ſub-

fubfifteroit ainfi féparé du Corps auquel il appartient. Le mouvement
circulaire qu'un Homme peut donner
à fes bras, difère fi fort de celui d'u-
ne rouë qui tourne fur fon axe, qu'on
ne peut pas même lui fuppofer une
analogie éloignée avec celui de l'A-
nimalcule en queftion.

CHAPITRE XII.

*Examen de prétendus Embryons de So-
les, qu'on trouve fur une efpèce de
Chevrettes.*

On croit communément fur les
côtes d'Angleterre & de Fran-
ce, que les Soles font produites par
une efpèce de Chevrettes, ou par u-
ne autre forte de petites Ecreviffes,
qui ne difèrent des Chevrettes qu'en
ce qu'elles font plus tranfparentes &
d'une couleur moins brune. J'ai trouvé que ce même fentiment étoit auffi
répandu parmi les Pêcheurs de Portugal, qui donnent à ces derniers
Animaux le nom de *Chevrettes porte-*
F

So-

Soles. Ce feroit quelque chofe d'affez furprenant, qu'une opinion, ainfi reçue par des gens qui ne fe livrent guères aux faillies de leur imagination, fut cependant fauffe. J'ai peine à me perfuader, qu'elle eut pu devenir fi générale fur des côtes auffi éloignées les unes des autres, fi elle n'ayoit pas été appuiée par des preuves plus fortes & plus fenfibles, que ne l'eft la figure extérieure de ces Corps qu'on a pris pour des Embryons de Soles, & qui vus à l'oeil nud paroiffent avoir tout au plus une reffemblance fort imparfaite avec ce Poiffon. Mr. Deslandes, comme il paroit par *l'Hiftoire de l'Academie des Sciences, Année* 1722., aiant fait pêcher une grande quantité de Chevrettes, les conferva vivantes dans une Baille pleine d'eau de Mer. Au bout de 12 à 13 jours, il y vit huit ou dix petites Soles. Il répeta l'Expérience plufieurs fois, & toujours avec le même fuccès. Enfuite il mit des Soles dans une Baille, où il n'y avoit aucune Chevrette; elles y frayoient en perfection; mais il ne fortit de

leur

leur fray aucune petite Sole. De là il conclut que les petites Veffies qu'on trouve fur les Chevrettes, font des oeufs, dont l'intérieur, vu au Microscope, paroit contenir un Embryon de Sole, qui ne peut éclorre fi ces Oeufs ne s'attachent pas à des Chevrettes. Mr. Deslandes auroit pu mettre cette conféquence dans un beaucoup plus grand jour, & il auroit prévenu toute objection, s'il avoit pris la précaution de compter le nombre de ces prétendus Embryons fur une petite quantité de Chevrettes, & de comparer l'augmentation du nombre des Soles vivantes avec la diminution de celui de ces Embryons, fuppofé qu'il eut vu disparoitre ceux-ci au bout d'un certain tems; & fi fon fentiment eft fondé, il en auroit fur-tout démontré la vérité, s'il avoit mis à part un certain nombre de ces Embryons, pour les examiner tous les jours au Microfcope, & pour être par là en état de nous inftruire fur leurs progrès fucceffifs, jusqu'au tems qu'il les auroit vu éclorre. Car il n'eft pas impoffible qu'une certaine

quan-

quantité d'eau de Mer, ne contienne quelques petites Soles qu'on n'apperçoit pas dabord. Quant à moi je n'ai pas pu faire ces obfervations, parce qu'après avoir examiné au Microfcope ces Veffies, que j'avois enlevées à des Chevrettes vivantes, je fus obligé de m'éloigner à quelque diftance de la Mer: cependant la defcription que j'en donnerai, jointe à une particularité qui a échapé à Mr. Deslandes, fera, je penfe, un motif fuffifant, pour engager ceux qui habitent près de la Mer à les obferver avec plus d'exactitude: & ce fera là tout ce que je dirai fur ce fujet, qui eft encore bien éloigné d'être autant éclairci qu'il devroit l'être.

Au coté gauche de la Chevrette, précifément au-deffous de la tête, il y a une éminence circulaire, d'environ un quart de pouce en diamètre, qui renferme une autre excrescence concave en fon milieu, & cette cavité eft remplie d'une certaine quantité de fray, qui pouffe à une de fes extrémités une queuë, & à l'autre une fubftance offeufe; ce qui res-

reſſemble aſſez à la queuë & à la tête
d'une petite Sole. Quand on nettoye la
cavité, en otant le fray qui la remplit, le petit Corps qui y reſte *, paroit être diviſé dans toute ſa longueur
par une ligne articulée, qui pouſſe
de coté & d'autres des branches, qui
forment avec elle des Angles aigus,
à peu près comme les arrêtes qui
partent de l'épine du dos dans la plupart des Poiſſons : les eſpaces que
ces branches laiſſent entr'elles ſont
remplis d'une ſubſtance légèrement
colorée, & qui tient de la nature du
Poiſſon. Mais ce qu'il y a ici de plus
remarquable, c'eſt que ſi l'on enlève
une petite portion du bord circulaire de la cavité, qui eſt ſur le dos
de l'Embryon, & ſi on l'expoſe au
Microſcope, on y découvre diſtinctement les petites arrêtes qui
fortifient les Nageoires, qui reve-
tiſſent, comme l'on ſait, toute la
circonference du Corps de la Sole,
& qui reſſemblent aſſez aux dents
d'un peigne. Cependant à l'exception
de cette dernière particularité, il faut
avouer, que tout ce qu'on voit de

* Pl. VI.
Fig. 9.

F 3　　　plus

plus eſt fort confus , & ceux qui croient que c'eſt ici un véritable Embryon de Sole, peuvent ſe tirer d'affaire en diſant, qu'on n'en voit encore que les premiers traits, qui ſont toujours fort imparfaits.

Le fray, qu'on peut tirer hors de cette cavité, eſt jaunatre ſur quelques Chevrettes, & ſur d'autres il eſt d'un brun obſcur ; peut-être cette diférence vient elle de ce qu'il eſt plus avancé ſur les unes que ſur les autres. Quand on le regarde au Microſcope, il paroit compoſé de globules ronds *, comme le fray des autres Poiſſons, avec cette diférence ſeulement, c'eſt qu'on y voit plus diſtinctement l'Embryon au-dedans de ſa coque, ou de ſon étui transparent, & que cet Embryon a l'air d'un foetus plié dans ſes enveloppes.

Mais ce qu'il y a ici de plus ſingulier, & qui a échapé à Mr. Deslandes, eſt un petit Inſecte * à peu près de la groſſeur d'un gros grain de ſable, qui a ſeize jambes, deux petites antennes, deux yeux qui s'élèvent comme ceux des Chevrettes,

&

& un Corps articulé de la même manière que celui des Poux de bois. Je
soupçonne, sans en avoir pourtant
aucune preuve sure, que cet Animalcule est affermi sur la queuë de
l'Embryon Sole par un petit ligament,
qui doit lui porter la nourriture ; car
l'aïant examiné dans toutes les situations possibles, je n'y aï rien vu
qui ressemblat à une bouche par laquelle il put se nourrir. Il ne faut
pas oublier de remarquer que, quelque précaution que j'aie prise, pour
ne point me tromper, je n'ai jamais
vu qu'un seul de ces Animalcules à la
fois sur l'Embryon Sole, & qu'aussi
je n'ai jamais trouvé aucun de ces
Embryons, qui fut sans cet Animal.
Tous les Insectes de cette espèce que
j'ai vus, m'ont paru les mêmes à
tous égards ; & ce qu'il y a de plus
remarquable, c'est qu'ils sont con-
stamment situés de la même manière,
non dans une ligne parallèle à l'épine
du dos du prétendu Embryon, mais
dans une ligne inclinée, qui forme a-
vec elle un angle aigu. Je n'aï pas
pu observer qu'ils variassent leur si-

                    tua-

tuation autrement que par un mouvement d'ondulation fort lent, que se
donnoit leur queuë, & qui étoit à peine visible avec une loupe ordinaire;
quoique si on les détache, & qu'on les
place dabord au foyer d'un Microscope , dans une ou deux goutes d'eau
de Mer , sans quoi ils périssent dabord , on apperçoive qu'ils remuent
leurs antennes & leurs jambes avec
beaucoup de force , ce qui prouve
qu'ils sont à tous égards des Animaux
parfaits.

Que doit-on donc penser de cet Insecte, de ce prétendu Embryon Sole , & de l'origine de ce fray qui
est placé dans la cavité de son
dos? Je ne crois pas qu'aucune des
circonstances, que je viens de rapporter , puisse nous servir à déterminer quelque chose sur cette matière , jusqu'à ce que nous aïons
quelques autres observations plus
exactes , qui demanderont beaucoup de soins & d'attention , &
qu'on ne pourra pas faire com-
modément , si l'on n'habite près de
la Mer. Quant à moi, si je n'avois

pas

pas à combattre l'autorité de Mr. Deslandes, l'opinion commune des pêcheurs qui demeurent fur des côtes fort éloignées les unes des autres, la forme & la ftructure de ce prétendu Embryon Sole, la croïance où l'on eft que toutes les Chevrettes, à moins peut-être qu'on n'excepte l'efpèce dont il s'agit ici, portent leur fray entre leurs jambes, comme les Ecreviffes de mer & de rivière, jusqu'à ce que leurs petits foient éclos ; & enfin la grandeur de l'Animalcule, dont j'ai parlé, qui eft toujours invariablement la même : fi, dis-je, je n'avois pas tout cela à combattre ; le fray renfermé dans fa cavité & vu au Microfcope, l'Animalcule, fa fituation, la folitude dans laquelle il vit, fixé continuellement à la même place par un ligament, ou par une efpèce de cordon ombilical, qui lui fert à tirer fa nourriture ; ce feroient là tout autant de raifons, qui me porteroient à croire que cet Animalcule eft une Chevrette dans fon premier état, & qui femblable peut-être à plufieurs

F 5

In-

Infectes terreftres, doit paffer par divers changemens, avant que d'arriver à fon plus haut point de perfection : que ce prétendu Embryon Sole n'eft autre chofe qu'une Matrice, & qu'à mefure qu'un Animalcule fe détache, il eft remplacé par un autre, qui fort de la provifion du fray, dont tous les globules font des Oeufs, qui donnent fucceffivement les uns après les autres iffue aux Embryons qu'ils renferment. Ce qui me confirmeroit dans cette penfée, c'eft qu'une perfonne de ma connoiffance, a fouvent remarqué que ce fray diminuoit infenfiblement, & que la cavité qu'il occupoit fe rempliffoit par une autre matière, au lieu de fe vuider en fourniffant la nourriture au prétendu Embryon Sole, comme cette même Perfonne s'y attendoit avant la découverte de l'Animalcule, qui lui a fait fufpendre fon jugement auffi bien qu'à moi. Au refte ces deux fentimens peuvent avoir quelque chofe de vrai. S'il y a ici un véritable Embryon Sole, il peut fervir à la naifance de la jeune Chevrette, de la même

me manière que la Chevrette mére
contribue à la sienne. Mais quoi qu'il
en soit, cette matière mérite, à mon a-
vis, d'être mieux examinée, & d'être
éclaircie par de nouvelles observations.

Avant que de finir ce Chapitre je
ne dois pas oublier une particularité
dont parle Mr. Deslandes; suivant
lui, ce qu'il appelle Embryon Sole
est contenu dans plusieurs petites Ves-
sies, qu'on trouve entre les jambes
des Chevrettes, & qui sont fortement
collées contre leur estomac. Quoique je ne puisse pas affirmer positi-
vement que j'aie examiné la même
espèce de Chevrettes qu'il a vue, je
suis très assuré que le plus grand nombre de celles que j'ai observées, pour
ne pas dire toutes, n'avoient qu'une
seule excrescence de cette espèce
du coté gauche, précisément au-dessous de la tête, & encore ressembloit-
elle plus à une excoriation de l'écaille extérieure de la Chevrette, qu'à
une Vessie. Je dis simplement que
cela est vrai du plus grand nombre,
parce que je n'oserois pas assurer que
je n'en aie vu quelques unes qui a-

F 6

voient

voient une telle excrefcence des deux cotés, vis à vis l'une de l'autre: c'eft ce que je fuis affez porté à croire, quoique dans le tems que j'ai obfervé cet Animal, j'aie fait fi peu d'attention à cette particularité, qu'elle eft presque entièrement fortie de ma mémoire.

CHAPITRE XIII.

De la Langue du Lézard.

Le Lézard eft un Animal fort commun en Portugal, & vraifemblablement auffi dans tous les païs chauds, où il eft très utile en détruifant un grand nombre de Mouches, & d'autres Infectes incommodes, qui fe multiplieroient exceffivement fans de tels Ennemis. Sa figure eft trop connue, pour que je doive m'arrèter à la décrire; je me contenterai de remarquer que tout fon Corps eft couvert d'écailles, qui vues au Microfcope nous offrent un fpectacle

fort

fort agréable. Cet Animal est ovi-
pare, & il dépose ses Oeufs, dans
de vieilles mazures, où il se retire
lui-même pendant l'hiver ; & la
chaleur de l'Air suffit seule pour
les faire éclorre. Mr. Marchant
a remarqué dans les *Mémoires de l'A-
cademie Roiale des Sciences, An.*
17 18. que ces Animaux avoient quelquefois deux queuës ; & c'est ce que
Pline & plusieurs autres avoient déjà
observé avant lui. On en trouve
quelquefois de tels en Portugal, mais
comme rien n'est plus commun dans
ce païs-là, que de voir les enfans les
tourmenter de toutes sortes de façons,
peut-être arrive-t-il que leur aïant
fendu la queuë suivant sa longueur,
chacune des portions s'arrondit, &
devient une queuë complette : car il
est très ordinaire que si toute leur
queuë, ou seulement une partie, se
perd par quelque accident, elle recrois-
se d'elle-même : j'en ai vu une infinité
d'exemples ; & c'est là une perte à
laquelle ils sont exposés tous les jours,
lors même qu'ils ne font que jouer
entr'eux ; car les petites vertèbres

 osseu-

offeufes, qui forment leur queuë, font
très fragiles, & fe féparent aifément
les unes des autres : auffi voit-on très
fouvent des queuës de toutes fortes
de longueurs à des Lézards, qui font
d'ailleurs de même taille. Au refte
Mr. Marchant nous apprend qu'aiant
voulu être témoin de cette reproduc-
tion, l'Expérience ne lui a pas réus-
fi, fans qu'il ait pu découvrir à quoi
il tenoit. Suivant lui cette nouvelle queuë eft une efpèce de tendon, &
n'eft point formée par des vertèbres
cartilagineufes, comme la vieille.

Quoique cette particularité foit é-
trangère à mon but principal, qui
eft de donner une defcription de la
Langue du Lézard, je me fuis cependant fait un plaifir d'en parler,
parce qu'elle a quelque analogie a-
vec la vertu reproductrice du Polype, qui depuis quelque tems occupe
fi agréablement l'attention de tous
les curieux, & parce qu'elle eft, je
penfe, le feul exemple de cette efpèce, connu jufqu'à préfent dans un A-
nimal terreftre.

La Langue du Lézard eft fourchue*;

chue *; il la lance avec une très
grande vitesse, & elle est admirable-
ment bien travaillée pour saisir la
proye dont il se nourrit. Vue au Mi-
croscope, elle paroit dentelée sur ses
bords comme une scie, & l'on re-
marque des sillons sur toute sa surfa-
ce convexe ; cela lui sert vraisem-
blement à mieux retenir sa proye,
qui étant ailée, pourroit lui échaper
aisément. Au reste c'est ici un sujet
qui n'a pas besoin d'être décrit am-
plement : la seule Figure à laquelle
je renvoie le Lecteur, en donnera
une idée beaucoup plus juste, que tout
ce que je pourrois en dire : je dois
seulement avertir qu'elle a été tirée
d'après une Langue, que j'ai pressée
& séchée entre deux glaces, pour
la rendre plus transparente, & pour
obliger les dents à se montrer : autre-
ment celles-ci restent appliquées con-
tre les bords, au moins quand l'Animal
est mort ; car lorsqu'il est en vie,
il y a grande apparence qu'il peut
les faire sortir, ou les retirer à vo-
lonté. A la vérité, en préparant
ainsi cet objet pour le Microscope,

PL. VI.
Fig. 12.

j'ai

j'ai éfacé en partie les fillons dont il est entrecoupé, & il n'en refte plus que de légères traces : c'eft ce dont il eft à propos d'être averti, pour qu'on ait une idée plus jufte de fa figure, dans fon état naturel.

LETTRE

DE

Mr. A. TREMBLEY

à

Mr. FOLKES,

Président de la Société Royale de Londres.

AVEC DES

Observations sur diverses espèces de POLYPES d'Eau douce, nouvellement découverts.

LETTRE

à

MONSIEUR FOLKES,

Président de la Société Royale.

Monsieur,

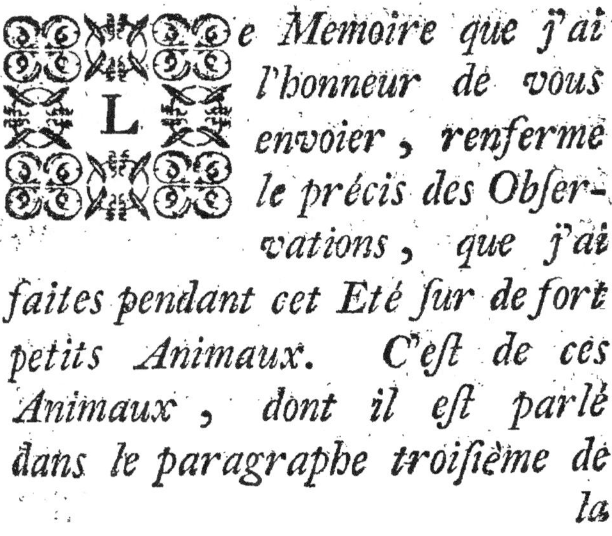

L e Memoire que j'ai l'honneur de vous envoier, renferme le précis des Observations, que j'ai faites pendant cet Eté sur de fort petits Animaux. C'est de ces Animaux, dont il est parlé dans le paragraphe troisième de

la

la page 297 des *Memoires pour
servir à l'Histoire des Polypes à
bras en forme de cornes*. Mr. de
Reaumur a jugé qu'ils devoient
être rangés dans la Classe générale des Polypes; il en a même
déjà désigné des genres par des
dénominations particulières, dont
je me suis servi dans l'extrait de
mes Observations, que je joins à
cette lettre. Je prévois que divers endroits de ce Memoire se-
ront peu intelligibles pour ceux,
qui ne connoissent pas les Animaux dont je parle. Je n'aurois pu
prévenir ce défaut qu'en entrant
dans le détail de plusieurs faits
que je n'ai pas assez vus. D'ailleurs je ne pourrois faire entendre ces détails sans le secours
d'un très grand nombre de Fi-
gu-

gures. Ce que je dis suffira, j'espère, pour faire sentir combien les Animaux dont il s'agit méritent d'être observés. Je ne négligerai rien pour tacher d'aprofondir leur Histoire, & pour me mettre en état de publier ce que mes Recherches m'auront appris. Mais c'est ce qui ne se peut faire en peu de tems. Il en faut beaucoup pour faire des Observations réïterées, variées, & suivies. En attendant je me ferai toujours un plaisir & un devoir de ne rien négliger pour satisfaire la curiosité de ceux qui aiment l'Histoire Naturelle, sur ce que je pourrai découvrir qui me paroitra digne d'attention.

J'ai déjà fait voir les princicipaux *Faits*, dont il est parlé dans ce *Memoire*, à diverses personnes, qui les ont observés avec beaucoup d'attention.

J'ai l'honneur d'être très respectueusement,

MONSIEUR,

Votre très humble
& très obéïssant
serviteur.

A. TREMBLEY.

ME-

MEMOIRE

SUR LES

POLYPES

A

BOUQUET, &c.

On trouve aſſez communé-
ment en divers endroits,
ſur les Plantes aquatiques,
& ſur les autres Corps,
qui ſont dans l'eau, quelque choſe
de blanc, que l'on ſeroit porté à
prendre au premier coup d'oeuil,
pour une ſorte de Moiſiſſure. Il y
a quelquefois des Plantes, des brins
de bois, des feuilles, des coquilles de
Limaçons &c. qui en ſont entièrement couvertes. Si l'on met quelques uns de ces Corps dans un verre
plein

plein d'eau, & si l'on examine à la loupe ce qui est dessus, on apperçoit dans tous les petits corps, dont l'assemblage forme cette matière blanche, des mouvemens, qui donnent lieu de penser que ce sont des Animaux. C'est ce qui paroit encore plus sensiblement quand on les observe avec le Microscope. On voit de petits Corps à l'extrémité d'une tige, branche ou pédicule. Souvent plusieurs de ces branches sont réunies ensemble, & forment une espèce de Bouquet. C'est ce qui a determiné Mr. de Reaumur à donner aux Animaux qui y sont attachés, le nom de *Polypes à Bouquet.*

Ces Bouquets sont plus ou moins grands, suivant l'espèce des Polypes dont ces Bouquets sont formés; & suivant nombre d'autres circonstances.

Pour se faire une idée nette de la Figure de ces Animaux, il convient de n'observer que de petits Bouquets, parce que quand il y a beaucoup de Polypes ensemble, ils se cachent les uns les autres.

Il y a un cas, dont je ferai mention ci-deſſous, où les Polypes ſont ſeuls. Il eſt bon de les obſerver alors; d'autant plus que c'eſt le moïen de voir comment les Bouquets ſe forment.

Je vais d'abord décrire un des Polypes ſeuls, pour donner une idée générale de la figure de ces Animaux.

Je m'attacherai ſur-tout à décrire ceux que j'ai le plus obſervés. Leur longueur eſt environ $\frac{1}{240}$ d'un pouce. Ils ont à peu près la forme d'une cloche. C'eſt ce dont on peut juger par la Fig. * qui en repréſente * PL. VII. Fig. 1. un extrèmement groſſi. La partie antérieure *ac* paroit ordinairement ouverte, quand elle ſe preſente par devant, & le bout poſtérieur *b* eſt attaché à un Pédicule *bd*. C'eſt par le bout *d* de ce Pédicule que le Polype ſe fixe contre toutes ſortes de Corps. Tout le Polype paroit ordinairement brunatre, quand on l'obſerve au Microſcope, excepté le petit bout *b*, qui eſt transparent, de même que le Pédicule *bd*. Lorsque la partie antérieure *ac* eſt ouverte, on re-

G

mar-

marque dans les bords un mouvement fort vif: & lorsque le Polype se présente d'une certaine manière, on découvre de côté & d'autre des bords de la partie antérieure quelque chose, que l'on compare volontiers à un pétit moulin, & qui se meut avec une très grande vitesse.

Ces Polypes peuvent se contracter. C'est ce qu'ils font tout d'un coup, & assez souvent. On peut les y forcer en les touchant, ou en remuant le Corps auquel ils sont attachés. Quand ils se contractent, les bords de la partie antérieure rentrent en dedans du Corps; & lorsqu'ils se remettent dans leur premier état, (ce qu'ils font aussi-tôt après s'être contractés,) on voit distinctement les bords qui ressortent, & qui recommencent à se mouvoir comme ils faisoient auparavant. Si l'on regarde au-dessus des Polypes qui sont ouverts, & dont les bords de la partie antérieure sont en mouvement, on a souvent occasion de remarquer, que nombre de petits Corps, qui nagent dans l'eau, tombent avec

assez

assez de vitesse sur cette partie antérieure.   Quelquefois ils sont repous-
sés.   Pour voir d'une manière bien
sensible ces petits Corps, qui tombent sur les Polypes, il faut observer non un seul Polype, mais un
Bouquet de plusieurs Polypes.   J'ai
dit que les Polypes, de l'espèce dont
il s'agit, paroissoient brunatres, quand
on les observe au Microscope : je
dois ajouter qu'en aiant laissé pendant
quelque tems dans la même eau, ils
ont peu à peu perdu leur couleur
brune, & sont devenus transparens,
exceptés quelques grains bruns ou
noirs, qui se faisoient encore remarquer dans leur Corps.   Aïant ensuite
mis ces Polypes dans de l'eau tirée
nouvellement d'un fossé, ils ont en
peu de tems repris la nuance de couleur brune qu'ils avoient auparavant.
On remarque ordinairement que lorsque les Polypes sont dans de nouvelle eau, il tombe sur leur partie antérieure un beaucoup plus grand nombre de petits Corps, que lorsqu'ils
ont été pendant quelque tems dans la
même eau.

G 2

Il

Il eft fort vraifemblable que ces petits Corps font des Animaux ; qu'ils fervent de nourriture aux Polypes ; & par conféquent, que l'ouverture qui eft à la partie antérieure de ces derniers eft leur bouche.

Les Polypes, qui font devenus transparens, & que j'ai laiffés quelque tems fans les mettre dans de l'eau, dans laquelle ils pouvoient redevenir bruns, ces Polypes, dis-je, ont ceffé de multiplier. J'en ai obfervé que j'avois enfuite remis dans de l'eau tirée nouvellement d'un foffé ; & ils ont recommencé à multiplier.

Ces Polypes peuvent nager. Quand ils nagent ils ne font point raffemblés en Bouquets : ils font toujours feuls ; & ils n'ont pas la même figure que lorfqu'ils font fixés & ouverts. C'eft en nageant qu'ils vont fe fixer fur les différens Corps qu'ils rencontrent. Il faut commencer à obferver un Polype, peu de tems après qu'il s'eft fixé, pour voir de fuite la manière dont les Bouquets de Polypes fe forment ; & pour découvrir comment ces Animaux fe multiplient.

Le

Le Pédicule d'un Polype, qui est
encore seul, & qui n'est fixé que depuis peu de tems, est d'abord assez
court, mais ensuite il s'alonge. A-
près cela le Polype multiplie, c'est-
à-dire, il se partage en deux suivant
sa longueur. On voit d'abord ses
lèvres entrer en dedans de son Corps,
& sa partie antérieure se fermer &
s'arrondir. Ce mouvement, qui
s'y faisoit remarquer avant que les
lèvres fussent rentrées en dedans ne
paroit plus : mais si l'on observe avec
attention, on voit, pendant tout le
tems que le Polype est fermé, on
voit, dis-je, en dedans de son Corps,
un mouvement assez lent. Peu à peu
la partie antérieure du Polype s'ap-
platit ; l'Animal s'accourcit d'autant,
& devient plus large à mesure qu'il
s'accourcit. Il se partage ensuite insensiblement par le milieu : savoir, du
milieu de la tête, jusqu'à l'endroit   * * PL. VII.
où le bout postérieur tient au Pédi-   Fig. 3. *b*.
cule : de sorte qu'au bout de quel-
que tems, on voit deux Corps sepa-
rés & arrondis par leur partie antérieure, attachés à l'extrémité du Pé-

G 3   dicu-

dicule où il n'y en avoit qu'un auparavant. La partie antérieure de ces deux Corps s'ouvre ensuite peu à peu; & à mesure qu'elle s'ouvre, les lèvres des nouveaux Polypes se montrent d'avantage. C'est alors qu'il faut observer ces lèvres avec attention, pour se former une idée de la manière dont elles sont faites, & du mouvement dont j'ai parlé ci-dessus. Ce mouvement est d'abord fort lent. Il augmente peu à peu à mesure que les Polypes s'ouvrent : enfin, peu de tems après qu'ils ont achevé de s'ouvrir, ce mouvement devient aussi vif, que celui des lèvres d'un Polype parfait : & c'est alors que les deux Polypes paroissent entièrement formés *. Ils ** PL. VII. Fig. 4.* font d'abord plus petits que le Polype, dont ils ont été formés, mais ils parviennent à la même grandeur en peu de tems.

Un Polype est une heure, ou environ, à se partager.

Pour se faire une idée un peu exacte de cette opération, il faut la voir plusieurs fois, & il faut que les différens Polypes dans lesquels on

l'obl'obferve foient fitués de différentes manières. Les lèvres de ces Polypes paroiffent compofées de quatre ou cinq bandes transparentes, qui ont un mouvement ondulatoire. Pendant que les Polypes s'ouvrent, & que le mouvement de leurs lèvres eft encore lent, on voit de coté & d'autre, lorsqu'ils font dans certaine fituation, ce que l'on eft porté à prendre pour de petits moulins dans les Polypes entièrement formés, & dont les lèvres fe meuvent fort vite. On diroit alors que ces Polypes, qui s'ouvrent, ont, de coté & d'autre de leur bouche, quatre ou cinq doigts, qui fe courbent & fe dreffent d'un inftant à l'autre, & auxquels les bandes transparentes paroiffent attachées.

Il faut obferver cela fouvent & de bien des manières, pour ne fe pas faire illufion ; & pour ne pas risquer de prendre des apparences pour des réalités. C'eft ce qui arrive d'abord plus ou moins lorsque l'on commence à obferver.

Avant que d'ofer m'expliquer davantage fur cet article, je dois re-

G 4

pe-

peter & pouffer plus loing des Obfervations que j'ai commencées.

Lorsque le premier Polype eft partagé, & que les deux Polypes produits
par cette féparation font entièrement
formés, on voit fur le Pédicule
a b * deux Polypes, qui font attachés à fon extrémité par leur bout
pofterieur *b*, & qui font à coté l'un
de l'autre.

La proportion qu'il y a d'ordinaire entre la longueur des Polypes, &
celle du Pédicule, eft exaĉtement
obfervée dans cette Figure.

Peu de tems après que la féparation eft achevée, on remarque déjà,
que chacun des deux Polypes commence à avoir un Pédicule à part.

J'ai eu fouvent occafion d'obferver que les deux Polypes avoient, le
jour après celui de leur féparation,
chacun un Pédicule affez long, &
que ces Pédicules ou branches, fe
réuniffoient à l'extrémité du premier
Pédicule, comme les branches d'un
arbre fe réuniffent au tronc.

Plufieurs des Polypes, fur lesquels
j'ai fait des Obfervations fuivies, ont
mul-

multiplié pour le plus tard vingt-quatre heures après la première séparation. Le Bouquet a été alors de quatre Polypes, à chacun desquels il est auſſi venu un Pédicule, de même qu'à tous ceux qui ſe ſont formés par de nouvelles ſéparations.

La Figure 5. * repréſente un Bouquet de 8 Polypes. Elle peut faire concevoir la manière dont ſe diſpoſent les Pédicules des Polypes, à meſure que leur nombre augmente. Ces Pédicules deviennent autant de branches du Bouquet.

* PL. VII.
Fig. 5.

Cette Figure a été deſſinée d'après un Bouquet, dont j'ai ſuivi les progrès dans le mois de 7bre. 1744. Le 9 de ce mois-là il n'étoit compoſé que d'un ſeul Polype, qui étoit en *b*. Ce Polype ſe partagea le ſoir, & à 8 h. & $\frac{1}{2}$ il ſe trouva en *b* deux Polypes parfaits, dont les Pédicules ou branches *bc*, *bc*, crurent juſqu'au lendemain matin 10 de Septembre. Vers les 9 h. & $\frac{1}{4}$ du matin de ce jour-là, ces deux Polypes qui étoient en *c*, *c*, commencérent à ſe partager, & à 11 h. & un quart il y avoit quatre

G 5   Po-

Polypes parfaits, dont les Pédicules ci, ci, ci, ci, fe formèrent enfuite.

Le 11. Sept. à $7\frac{1}{2}$ du matin, je trouvai que ces 4 Polypes s'é-toient déjà partagés, c'eft-à-dire qu'il y en avoit huit en i,i,i,i. Le Bouquet de 8 Polypes eft repréfenté tel qu'il étoit le 12. Sept. entre 10 & 11. h. du matin.

Les Polypes ne font pas toujours rangés comme ils font repréfentés dans cette figure. Les Pédicules & les Polypes font fouvent les uns devant les autres, & forment un groupe, dont quelques Polypes font cachés en tout ou en partie.

Cette Fig. 5. eft groffie fur la mê-me échelle que les Fig. 3. & 4.

J'ai obfervé des Bouquets dont le nombre de Polypes eft toujours allé en doublant, de 2 à 4, de 4 à 8, de 8 à 16, de 16 à 32, après quoi il ne m'a plus été poffible de comp-ter exactement les Polypes.

Ceci fuffit pour faire comprendre comment fe forment les Bouquets, & combien ces Animaux multiplient. Auffi en trouve-t-on quelquefois
dans

dans les eaux une très grande quantité.

J'ai de grands Verres dans lesquels ils ont extrèmement multiplié.
Il y a entr'autres dans un de ces Verres, un Bouquet, compofé de quelques Bouquets réunis, qui a plus d'un
pouce de diamètre en tout fens.

Il fe détache de ces Bouquets des
Polypes, qui vont en nageant, fe
fixer chacun à part fur quelque Corps;
& de chacun de ces Polypes, il peut
venir un Bouquet de Polypes, de
la manière que nous venons de le
dire.

Les branches dont les Polypes fe
font detachés, tiennent encore au
Bouquet, mais elles ne portent plus
de Polypes. Après que tous les Polypes du Bouquet fe font détachés,
l'amas de branches refte encore,
mais il ne fert plus à rien.

Je connois quatre autres efpèces
de Polypes, qui multiplient comme ceux dont j'ai parlé jusqu'à préfent: c'eft-à-dire, que le Polype fe
partage en deux fuivant fa longueur.
Les Polypes qui approchent le plus

G 6

de

de ceux dont je viens de parler, font plus minces que ces derniers. Les branches des Bouquets qu'ils forment font transparentes ; mais elles paroisfent d'un violet changeant, quand il y en a plufieurs enfemble, & qu'on les regarde dans certain fens. Les Bouquets de cette efpèce de Polypes , reffemblent à une jolie aigrette de verre filé. Lorfque ces Animaux font entièrement formés, on ne voit pas auffi diftinctement le mouvement de leurs lèvres, que celui des lèvres des Polypes dont il a été fait mention ci-desfus : mais il eft très facile à remarquer, lorfque les Polypes, qui viennent d'être produits par la féparation, s'ouvrent, & achèvent de fe former. Alors ce mouvement eft lent, au lieu qu'il eft extrèmement vif, dans les Polypes qui font parfaits.

Les Polypes des autres efpèces, que j'ai obfervées, font encore plus petits que les derniers dont je viens de parler. Ils font plus courts, mais plus ouverts, plus evafés. Ils ont un caractère, qui les diftingue d'une manière bien fenfible des deux autres

tres espèces. Leurs tiges ou branches ont un mouvement, qui ne se
trouve pas dans celles des autres
Polypes. Elles se retirent souvent
tout d'un coup , & se disposent en
forme de tire-boure , en faisant divers tours de spirale : & le moment
d'après elles se remettent comme elles étoient auparavant.

Toutes les espèces de Polypes,
dont j'ai parlé , multiplient prodigieusement : mais elles ont des ennemis
qui peuvent en détruire une grande
quantité en peu de tems.

J'ai aussi observé de suite pendant
cet été de petits Polypes, d'un genre
différent de celui des Polypes à Bouquets. Ceux dont je veux parler à
présent , ont à peu près la figure
d'un entonnoir assez long, à proportion de la largeur de son embouchure.
C'est pour cela que Mr. de Reaumur
leur a donné le nom de *Polypes en
entonnoir*.

Je connois trois espèces de ce genre de Polypes : savoir des verts ,
des bleus, & des blancs.

Il faut observer ces Animaux sou-
G 7 vent,

vent, & dans bien des situations différentes, avant que d'avoir une idée
un peu exacte de leur structure. Leur
partie antérieure est plus composée
qu'elle ne paroit d'abord.

On découvre aux bords de cette
partie antérieure un mouvement très
sensible. Quand on les considère
dans une certaine situation, ces bords
en mouvement ressemblent à une rouë
dentelée, ou à une vis sans fin, qui
se meut très vite.

Les Polypes en entonnoir ne forment point de Bouquets.

J'ai remarqué que les petits Corps,
qui passent en nageant près de leur
partie antérieure, sont en quelque
manière attirés, & tombent dans
l'ouverture de cette partie antérieure,
c'est-à-dire, dans l'embouchure de
l'entonnoir. J'ai même vu plus d'u-
ne fois, un nombre considérable de
petits insectes ronds, tomber les uns
après les autres dans cette ouverture.
Une partie de ces Animaux sortoit
par une autre ouverture, que je ne
pourrois pas encore décrire avec assez d'exactitude. J'ai vû qu'il en
res-

restoit plusieurs dans le Corps des Polypes. Il est très apparent que ces petits Animaux leur servent de nourriture.

Les Polypes en entonnoir multiplient aussi en se partageant en deux; mais ils se partagent autrement que les Polypes à Bouquets. Ils ne se partagent, ni suivant leur longueur, ni transversalement, mais en biais, en écharpe, si je puis parler ainsi. De deux Polypes en entonnoir, qui viennent de la séparation d'un Polype, l'un a l'ancienne tête & un nouveau bout postérieur, & l'autre une nouvelle tête & l'ancien bout postérieur. J'appellerai Polype supérieur celui qui a l'ancienne tête, & Polype inférieur, celui qui a la nouvelle tête.

La première chose qu'on apperçoit dans un Polype en entonnoir, qui commence à se partager, ce sont les lèvres du Polype inférieur, savoir ces bords transparens, qui se meuvent si vite dans les Polypes entièrement formés. Ces lèvres de la nouvelle tête se font remarquer sur le Polype, qui commence à se partatager, un peu au-deſſous des lèvres, jusqu'environ aux deux tiers dé la longueur du Polype, à compter depuis la tête. Ces lèvres de la nouvelle tête ne font pas diſpoſées en ligne droite ſur la longueur du Polype; mais elles font diſpoſées en biais. On reconnoit ces lèvres à leur mouvement, qui eſt aſſez lent. Cette portion du Corps, qui eſt bordée par ces lèvres, ſe ramaſſe peu à peu; ces lèvres ſe rapprochent inſenſiblement; & il ſe forme, ſur un coté du Polype, un renflement, qui ſe trouve enfin être la nouvelle tête; & qui eſt bordé par les nouvelles lèvres. Avant même que ce renflement ait fait des progrès fort conſidérables, on commence à diſtinguer les deux Polypes, qui ſe forment; & lorsqu'il eſt fort avancé, ces deux Polypes ne tiennent plus guères l'un à l'autre. Le Polype ſupérieur ne tient plus au Polype inférieur, que par ſon extrémité poſtérieure, qui eſt encore attachée à coté de la tête du Polype inférieur. Le Polype ſupérieur fait alors des mouvemens,

qui

qui paroissent tendre à se détacher.
Enfin, il se détache, & va en nageant
se fixer ailleurs. J'en ai vu un, qui
est venu se fixer à coté du Polype
inférieur dont il s'étoit séparé. Le
Polype inférieur reste attaché à l'endroit où étoit le Polype, qui s'est
partagé, & dont il est une moitié.

Je ne saurois à présent entrer dans
un plus grand détail sur la manière
dont ces Polypes en entonnoir multiplient, parce que je ne le pourrois
sans le secours de plusieurs figures,
& sans faire mention de Faits que je
n'ai pas encore vus assez souvent.

Je me propose de tâcher d'appro-
fondir en même tems l'Histoire de
tous les Polypes dont j'ai parlé; &
peut-être de quelques autres; parce
que je trouve que les Observations
que je fais sur ceux d'une espèce,
facilitent à divers égards celles, que
je fais sur ceux d'une autre espèce,
& reciproquement.

Comme ces Animaux sont fort petits, je n'ai pu observer qu'avec le
Microscope la plupart des Faits dont
j'ai parlé.

Si

Si l'on tiroit de l'eau ces petits objets, pour les expofer au Microfcope, comme on le fait ordinairement,
on risqueroit de les perdre, ou pour
le moins de les déranger. J'obferve donc ces Polypes avec les lentilles
d'un Microfcope, fans les tirer des
poudriers dans lesquels je les tiens,
& qui font à-peu près femblables à celui qu'on voit en A *.   Pour cet ef-
fet, je fais en forte qu'ils foient fort
près des parois du Verre, afin que
le foïer de la lentille puiffe y atein-
dre. On verra dans l'explication des
Figures, de quelle manière je viens
à bout de cela par le moien d'une plume de Paon, telle que *b c d.* Je fixe
enfuite un porte-loupe *f*, *g*, *h*, *i*, *k*,
à coté de ce Verre; j'y ajufte une lentille *e* d'un Microfcope, & je l'approche de l'objet. La lentille étant fou-
tenue par le porte-loupe, je n'ai
plus befoin de la toucher, dès que
l'objet eft bien au foïer: & toutes les
fois que je le veux obferver, je n'ai
qu'à mettre l'oeuil devant la lentille.
J'éclaire ordinairement mon objet
avec la lumière d'une bougie.

* PL. VII.
Fig. 6.

E X-

EXPLICATION
DES
FIGURES.

PLANCHE I.

La Figure I. fait voir un Calmar, avec fes bras déploiés, & fon bec plus vifible qu'il ne l'eft ordinairement. *a.* Lèvre circulaire qui eft autour de fon bec. *b, b.* Ses deux grands bras ou Cornes. *c, c* &c. Ses petits bras. *d, d.* Ses Nageoires.

La Figure 2. repréfente un Sucçoir des grands bras du Calmar. *a* eft le Corps du Sucçoir. *b* le Pédicule par lequel il eft adhérent au bras de l'Animal.

Dans la Figure 3. on voit un Anneau, cartilagineux & armé de crochets. Cet Anneau eft inferé dans la Membrane qui forme la cavité du Sucçoir.

P L A N-

Planche II.

Cette Planche repréfente auffi un Calmar, mais vu par deffous, & aïant fon Etui ouvert, pour laiffer paroitre fes Inteftins.

A A. Etui cartilagineux, qui forme le Corps du Poiffon, & qui eft ouvert ici, afin qu'on puiffe voir ce qu'il renferme.

a, a. Paroiffent être deux efpèces de Mammelons, qui font dans l'enveloppe extérieure du Poiffon, & qui s'emboitent dans deux cavités, qu'il femble que l'Auteur a voulu repréfenter en *b, b.*

B. Canal, qui a la forme d'un Entonnoir, & par où paffe la liqueur noire que le Calmar fait fortir de fon Corps.

C, C. Cartilages parallèles & cylindriques qui tiennent écartés l'un de l'autre les deux cotés de l'Entonnoir.

D. Le Refervoir qui contient la liqueur noire. Dans la Sèche ce Refervoir eft fitué dans la région inférieure du Ventre de l'Animal; &

peut-

peut-être qu'ici l'Auteur n'a voulu repréfenter que le conduit excrétoire de cette liqueur.

E, E. Deux Sacs membraneux, remplis d'une fubftance gluante, où eft contenu le Fray de l'Animal.

F F. Deux Tubes parallèles, qui dans le Calmar male fervent à donner iffue à la Laite; & par lesquels il eft apparent que la femelle fait fortir fon Fray.

G, G. Affemblage de Vaiffeaux, remplis d'une matière noire & opaque. L'Auteur foupçonne que ce font les Vaiffeaux, où fe forme la liqueur noire. On voit dans la Sèche un pareil affemblage de Vaiffeaux qui font les Ouïes du Poiffon.

H. Couche de graiffe, qui couvre l'Eftomac.

I. Membrane fine & transparente, qui couvre la partie inférieure du Corps de l'Animal.

K, K. Les deux Nageoires.

PLANCHE III

La Figure I. repréfente une Membra-

brane, placée au dedans de la cavité du Bec du Calmar, où elle formé
la Langue & le Gosier; elle est garnie de neuf rangées de dents; on la
voit ici telle qu'elle paroit avec le
Verre N°. 3. d'un double Microscope à reflexion.

Dans la Figure 2. cette Membrane est représentée de grandeur naturelle.

La Figure 3. fait voir cette même
Membrane, sous la forme qu'elle a
lorsqu'elle est dans le Corps de l'Animal.

Dans la Figure 4. on voit cette
même Membrane tirée de la Sèche:
elle difère de celle du Calmar par
la figure & l'ordre de ses dents.

La Figure 5. représente le Bec du
Calmar, tiré hors de la Lèvre ridée
qui l'environne.

Dans la Figure 6. on voit un Vais-
feau laiteux du Calmar de grandeur
naturelle.

La Figure 7. représente un de ces
Vaisseaux laiteux, qui a acquis toute
fa maturité, & qui est vu avec le
Verre N°. 3. d'un double Microscope

pe à reflexion. C'eſt un Etui cartilagineux , dans lequel on voit les
parties ſuivantes. *a b*. Vis ou petit
Reſſort , fait en ſpirale. *b* eſpèce
de Sucçoir, ou Piſton , adhérent au
Reſſort. *c* Barillet dans lequel ce
Piſton eſt reçu. *c d* Ligament par lequel le Barillet eſt joint à la Subſtance ſpongieuſe *d e* ; comme cette ſubſtance eſt opaque, on l'a repréſentée
ici noire, quoiqu'elle ſoit blanche.

La Figure 8. fait voir un Vaiſſeaux laiteux, tel qu'il paroît après
ſon action. *a* eſt l'Etui ou Corps du
Vaiſſeau. *b* le Piſton. *c* le Barillet,
ſéparé du Piſton, & d'où la ſémen-
ce ſort. *d*, *e*, deux eſpèces de nœuds
formés par le rétréciſſement du Tube
dans lequel la Subſtance ſpongieuſe
eſt renfermée. Quand cette Subſtance
eſt hors de l'Etui, elle devient cinq
fois plus longue qu'auparavant. Sa
partie qui eſt entre *d* & *e* paroît
frangée , parce qu'elle eſt rompue
& ſeparée en parcelles à peu près
égales.

La Figure 9. eſt celle d'un Vaiſſeau laiteux dont la Vis s'eſt rompue

pue précisément au-deſſus du Piſton. *a* eſt le Corps du Vaiſſeau. *b* le Piſton, encore engagé dans le Barillet *c.* En *d*, & *e.* on voit les deux noeuds formés par le rétréciſſement du Tube, où la matière ſpongieuſe eſt renfermée. *f.* eſt l'extrémité de la Vis; elle ſe termine en pointe parce que le Tube, dans lequel elle eſt renfermée, s'eſt contraĉté, & a pris une figure conique.

PLANCHE IV·

Toutes les Figures de cette Planche repréſentent des Vaiſſeaux laiteux, qui ne ſont pas encore parvenus à leur maturité.

La Figure I. montre un de ces Vaiſſeaux tel qu'il eſt, après qu'on en a fait ſortir tout l'appareil intérieur, en appliquant de l'eau à la tête de ſon Etui.

La Figure 2. eſt celle d'un Vaisſeau, dont l'Etui a été coupé préciſément au-deſſous du Barillet. *a* eſt le Barillet, *b* eſt la Subſtance ſpongieuſe fort dilatée, & ſortant à moitié de l'Etui. La

La Figure 3. fait voir ce qui arrive fi l'on coupe l'extrémité inférieure d'un Vaiſſeau. *a* l'ouverture par
où ſort la Subſtance ſpongieuſe, a-
près que le Ligament, par lequel elle
étoit adhérente au Barillet, a été rompu; *b* partie ſéparée de l'Etui.

La Figure 4. montre un Vaiſſeau
dont on a auſſi coupé la partie inférieure; mais le réſultat de cette o-
pération diffère de ce qu'on voit dans
la Figure 3. en ce que le Ligament,
qui joignoit la partie ſpongièuſe a-
vec le Barillet, a frappé avec une
telle force contre les parois de l'Etui,
qu'il s'eſt ouvert un paſſage au travers. *a* eſt ce Ligament. *b* eſt la partie ſéparée de l'Etui.

La Figure 5. eſt celle d'un Vais-
feau laiteux, coupé au deſſus & au-
deſſous de la Subſtance ſpongieuſe. *a*
eſt la partie ſupérieure de l'Etui. *b*
eſt la partie inférieure. *c*, *d*, *e*, *f*, ſéparations qui ſe forment dans la Subſtance ſpongieuſe, lorsqu'elle fait é-
fort pour ſortir par les deux ouvertures faites à ſon Etui.

H

PLAN-

P L A N C H E V.

La Figure 1. repréfente l'Ovaire, les Etamines avec leurs Sommets, & le Piftile d'une Fleur de Lis. Un des lobes du Piftile eft un peu écarté des deux autres, pour laiffer voir fes Mammelons intérieurs.

La Figure 2. eft celle d'un de ces Mammelons, groffi au Microfcope, & contenant un globule de Pouffière.

La Figure 3. montre une fection transverfale de l'Ovaire du Lis.

La Figure 4. repréfente une goute d'eau, qui contient plufieurs globules des Etamines de la Mauve. On voit quelques uns de ces globules occupés à darder la Pouffière qu'ils renferment. Cette Figure eft le champ du Verre N°. 3. d'un double Microfcope à reflexion.

La Figure 5. eft celle d'un feul globule de la Mauve, qui darde auffi la Pouffière qu'il contient. Il eft repréfenté tel qu'on le voit avec le Verre, qui groffit le plus dans un double Microfcope à reflexion.

Dans

Dans la Figure 6. on voit une goute d'eau, remplie de petites Anguilles, qui se trouvent dans le Blé gaté par la Nielle. Cette Figure est telle qu'elle paroit avec le Verre N°. 3. d'un Microscope.

La Figure 7. est une des Anguilles de ce Blé gaté, vue avec le Verre qui grossit le plus.

La Figure 8. est celle d'un petit Scarabée trouvé sur le Narcisse, & représenté dans sa grandeur naturelle.

Dans les Figures 9. & 10. ce même Scarabée est représenté tel qu'il paroit quand on le considère avec une forte loupe ; la Figure 9 le fait voir par dessus le dos, avec la tête dressée ; dans la Figure 10 on le voit par dessous le ventre, & avec la tête aussi dressée.

Dans les Figures 11 & 12. on voit ce Scarabée, comme dans les deux Figures précédentes, avec cette seule diférence, c'est que sa tête est représentée dans son attitude naturelle.

Dans les Figures 13. 14. 15. On voit les écailles qui couvrent le Corps

de

de ce Scarabée. Ces écailles font
repréſentées telles qu'elles paroiſſent
avec le Verre qui groſſit le plus dans
un Microſcope.

La Figure 16. eſt celle d'un oeuf
de la Raye, de grandeur naturelle.
On a coupé & renverſé une portion
de ſa Coque pour laiſſer paroitre ce
qui eſt en dedans.

PLANCHE VI.

La Figure 1. eſt celle d'un Bernacle, de la plus grande eſpèce. On
a enlevé une partie de ſa Coquille,
pour laiſſer voir ce qui eſt en dedans:
ab le Pédicule du Bernacle. *bc* un
des Batans de la Coquille de ce Poiſſon. *d.* ſa Bouche. *e*, *e*, *e*, ſes Cornes ou bras. *f.* ſa Trompe.

La Figure 2. eſt celle d'un des
Batans de la Coquille du Bernacle,
vu féparément. *a* eſt une des pièces
dont ce Batant eſt compoſé. *b* eſt
l'autre pièce. La ligne blanche qui
eſt entre ces deux pièces, eſt celle
où elles ſont jointes l'une à l'autre

par

par une Membrane, qui tapiſſe l'intérieur de la Coquille.

La Figure 3. eſt celle d'une eſpèce de Charnière, qui joint enſemble les deux Batans de la Coquille du Bernacle.

La Figure 4. eſt celle d'une Corne du Bernacle groſſie au Microſcope, pour faire mieux voir les inciſions, qui en partagent le coté concave, & les touffes de poils qui ſont entre chaque inciſion.

La Figure 5. repréſente une Trompe d'un Bernacle de la grande eſpèce, groſſie au Microſcope.

La Figure 6. eſt celle d'une des ſix lames dentelées, qui compoſent la bouche du Bernacle; on voit à ſa baze les reſtes des Nerfs, qui lui communiquent le mouvement.

La Figure 7. repréſente de grandeur naturelle un Bernacle de la petite eſpèce. *a* la Coquille qui renferme immédiatement le Corps de l'Animal. *b* autre Coquille univalve, dans laquelle la Coquille *a* eſt logée. *c* la Trompe de ce Bernacle.

La Figure 8. eſt cette même Trom-

H 3

pe

pe du Bernacle de la figure précédente, mais groſſie au Microſcope.

La Figure 9. eſt celle d'un prétendu *Embryon-Sole*, repréſenté de grandeur naturelle : on y diſtingue une ligne articulée, qui a quelque reſſemblance avec l'épine du dos de la pluspart des Poiſſons.

La Figure 10. repréſente le Fray, qu'on a tiré d'une cavité qui eſt au deſſous de la tête de certaines Chevrettes.

La Figure 11. eſt celle d'un Inſecte que l'Auteur a vu conſtamment ſur les prétendus Embryons-Soles : on le voit ici par deſſus le dos. Cet Inſecte eſt de la groſſeur d'un grain de ſable ; ainſi l'on comprend aiſément qu'on l'a repréſenté tel qu'il paroit avec le Microſcope.

La Figure 12. eſt celle d'une Langue de Lézard, vue au Microſcope. Elle eſt fourchue à une de ſes extrémités : ſes bords ſont dentelés, & l'on remarque des ſillons ſur toute ſa ſurface convexe, qu'on n'a repréſenté ici qu'imparfaitement ; parce qu'on les a éfacé en partie, en prepaparant cet objet pour le Microfcope.

PLANCHE VII.

Les Figures 1 & 2 de cette Planche ont été ajoutées dans cette Edition, pour faire voir que les Bernacles fe multiplient par végétation.

La Figure 1. repréfente un Bernacle chargé de deux autres qui fortent de fon Corps. *a b* le Pédicule du Bernacle. *b c* la Coquille dans laquelle l'Animal eft renfermé. *b* endroit où le Pédicule pouffe une branche *b d.* en *d* cette branche fe divife pour former les Pédicules de deux autres Bernacles. Celui de ces deux Bernacles, auquel on a joint des lettres, fera mieux comprendre la defcription de la Coquille de cet Animal que les Figures 1. 2. & 3. de la Planche VI. *e* la Charnière qui tient unis les deux Batans dont la Coquille eft compofée. *f* & *g* les deux pièces qui entrent dans la compofition d'un de ces Batans. *h.* ligne dans laquelle ces deux Batans font adhérens l'un à l'autre par une Membrane, qui tapiffe

H 4

l'inl'intérieur de la Coquille ; & qui leur laiffe affez de jeu , pour qu'en s'écartant, ils forment une ouverture de figure rhomboïdale.

La Figure 2. eft celle d'un Bernacle qui n'eft chargé que d'un feul petit, *ab* eft le Bernacle Mère. *bc* eft le petit qui pouffe hors de fon Corps en *b*, & dont la Coquille eft ouverte en *c*.

Les 4 Figures fuivantes apartiennént au Mémoire fur les Polypes.

La Figure 3. repréfente un Polype, qui après s'être feparé d'un Bouquet, & avoir nagé, s'eft fixé contre quelque Corps. *abc* le Polype. *ac* fon bout antérieur, qui eft evafé & ouvert : c'eft la bouche du Polype. *b* fon bout poftérieur, qui tient au Pédicule *bd*. Ce Pédicule eft très court, quand le Polype fe fépare du Bouquet. *d* l'extrémité du Pédicule, par laquelle il fe fixe contre les Corps qu'il rencontre.

La Figure 4. repréfente les deux Polypes, qui fe font formés par la féparation du Polype de la Figure précé-

cédente. *b a*, le Pédicule, qui s'eſt
allongé depuis le jour précédent. Il
étoit alors comme dans la Figure 3.
On voit en *b* de la Fig. 4. le commencement des Pédicules particu-
liers des deux Polypes : ces Pédicules
s'allongent aſſez promptement après
la féparation des Polypes.

La Figure 5. repréſente les progrès
du Bouquet, dont le commencement
ſe voit dans les Fig. 3. & 4. *b a* le
premier Pédicule, mais allongé. *b*
l'endroit où étoit le Polype repréſenté Fig. 3. le 9ᵉ. Sept. 1744. Ce
Polype ſe diviſa à 8. h. & $\frac{1}{2}$ du ſoir,
& il y eut alors en *b* deux Polypes,
comme cela eſt repréſenté dans la
Fig. 4. *b c*, *b c*, les Pédicules de ces
deux Polypes. Ces Polypes ſe parta-
gérent le 10. environ à 9. h. & $\frac{1}{4}$ du
matin. Il y eut alors quatre Polypes,
dont les Pédicules s'allongérent. Ils
ſont repréſentés en *c i*, *c i*, *c i*, *c i*.
Les quatre Polypes ſe partagèrent le
11. environ à 7. h. & $\frac{1}{2}$ du matin.
Ils ſont repréſentés avec leurs Pédicules alongés, qui partent de *i*, *i*, *i*, *i*.

La Figure 6. repréſente l'Appareil

H 5

né-

nécessaire pour observer un Polype
à Bouquet commodement & de suite , au Microscope. Dans le Verre *A*, est un bout de plume de Paön
b, *c*, *d*, qui est courbée en *c* , &
dont les extrémités sont assujetties de
coté & d'autre contre les parois du
Verre , par le moien du ressort de la
plume. À l'un des bouts de la plume
on a laissé une barbe, qui est assez longue pour qu'on aît pu y attacher en *d*
un brin de prêle aquatique, sur lequel
est un Polype, qui se trouve fort près
des parois du Verre , en sorte qu'on
peut l'observer facilement avec une
lentille d'un foyer court, telle que *e.*
Cette lentille est vissée dans un anneau, dont la branche *f g* porte à son
extrémité une boule, qui s'ajuste dans
un vase & forme un genouil. Il y a
encore des genouils en *h* & en *i*. Par
le moïen de ces genouils on peut mouvoir la lentille en tout sens , & l'ap-
procher commodement de l'objet. Le
pied *i*, *k*, est enfoncé dans le bord
de la tablette de la fenêtre , sur laquelle le Verre repose. Le jour qui
vient par la fenêtre peut suffire pour
ob-

obſerver dans le Verre l'objet, à l'oeuil, ou à la loupe ; mais, lors qu'on veut l'obſerver avec une lentille d'un foyer court, il faut intercepter ce jour, & mettre derrière le Verre une bougie, dont la lumière ſoit à la hauteur de l'objet. La lentille peut facilement reſter pluſieurs jours de ſuite devant l'objet, ſans être derangée ; de ſorte que pour obſerver les progrès du Polype, on n'a qu'à placer de tems en tems la bougie derrière le Verre, & mettre l'oeil devant la lentille.

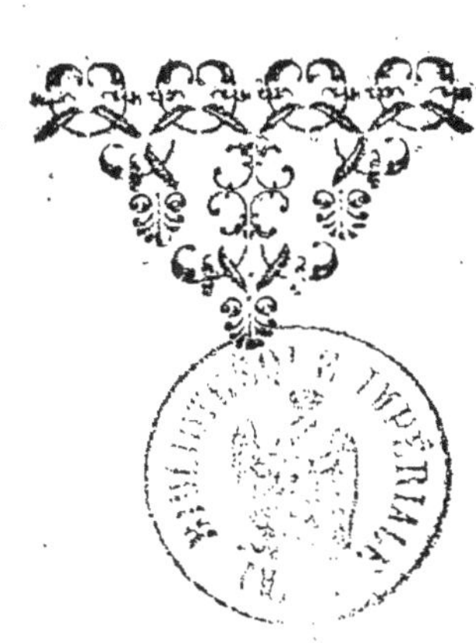

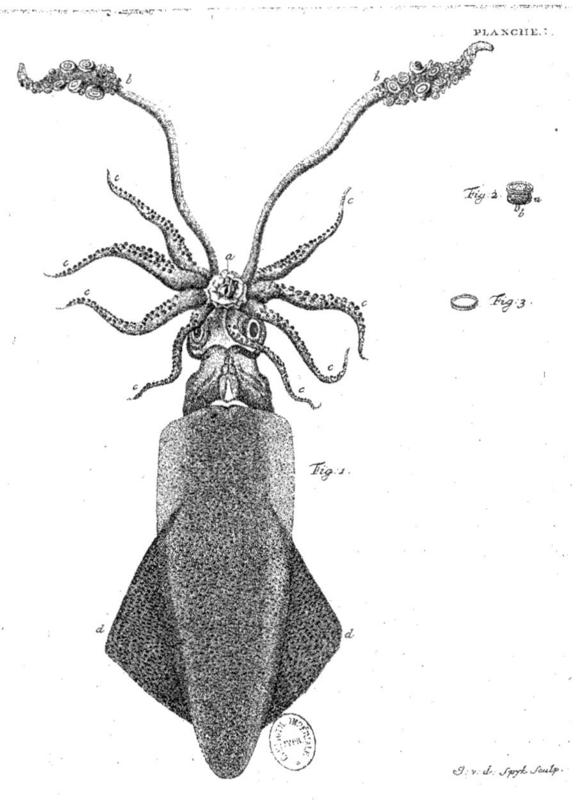

PLANCHE.
Fig. 2.
Fig. 3.
Fig. 1.
J. v. d. Spyk Sculp.

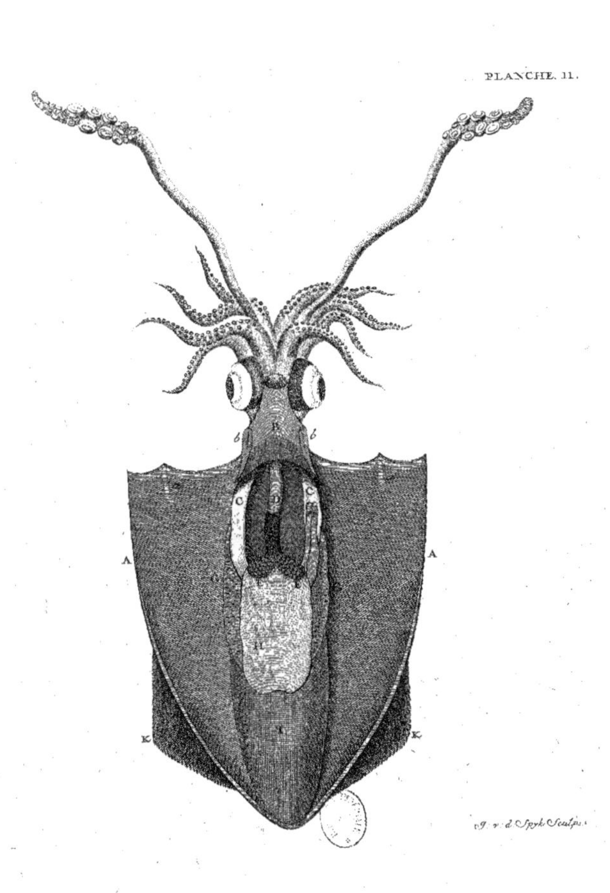

PLANCHE. 11.
J. v. d. Spyk Sculps.

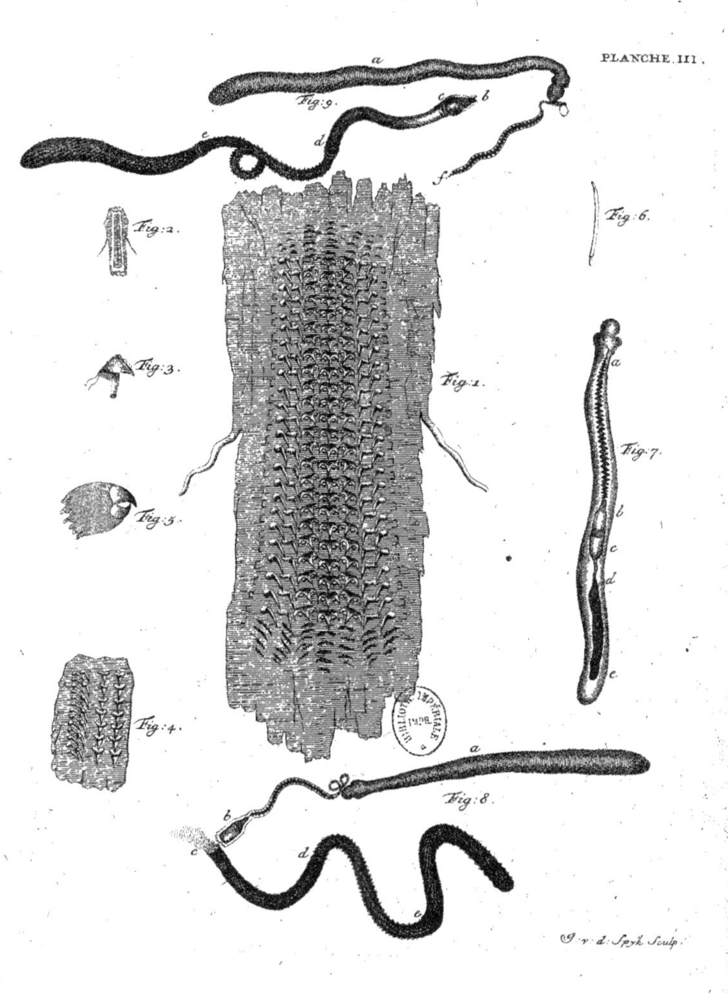

PLANCHE. III.
Fig. 9.
a
b
c
d
e
f
Fig. 2.
Fig. 3.
Fig. 5.
Fig. 4.
Fig. 1.
Fig. 6.
Fig. 7.
a
b
c
d
e
Fig. 8.
a
b
c
d
e
G. v. d. Spyk Sculp.

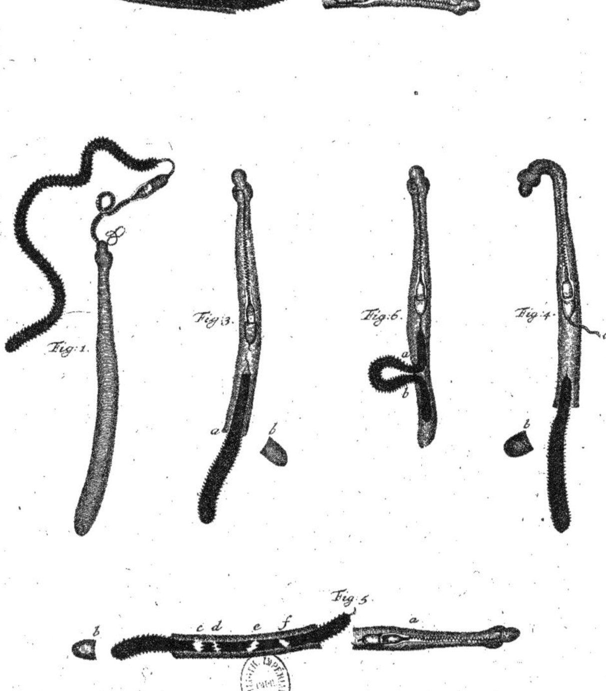
Fig: 2.
a
b
Fig: 1.
Fig: 3.
Fig: 6.
Fig: 4.
a
b
a
b
a
b
Fig: 5.
b
c d e f
a

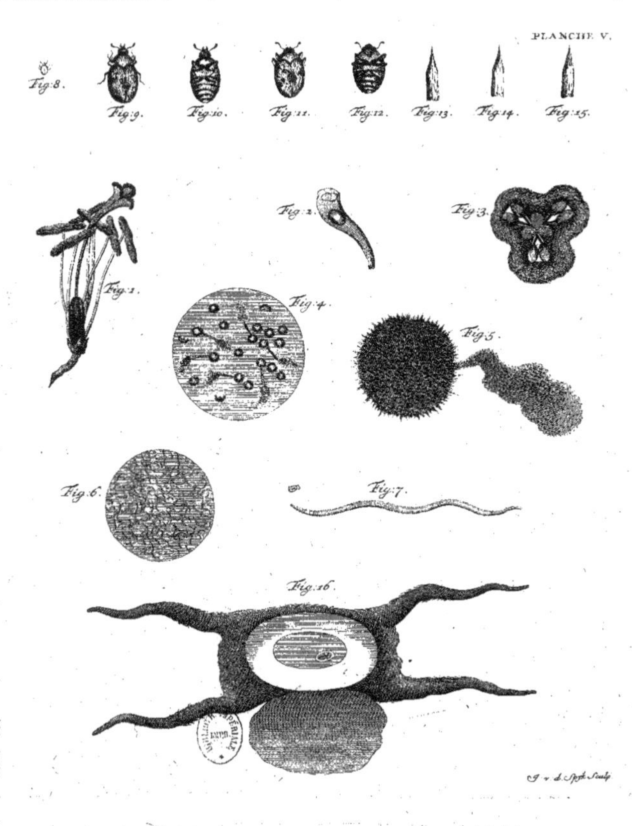

PLANCHE V.
Fig:8.
Fig:9.
Fig:10.
Fig:11.
Fig:12.
Fig:13.
Fig:14.
Fig:15.
Fig:1.
Fig:2.
Fig:3.
Fig:4.
Fig:5.
Fig:6.
Fig:7.
Fig:16.

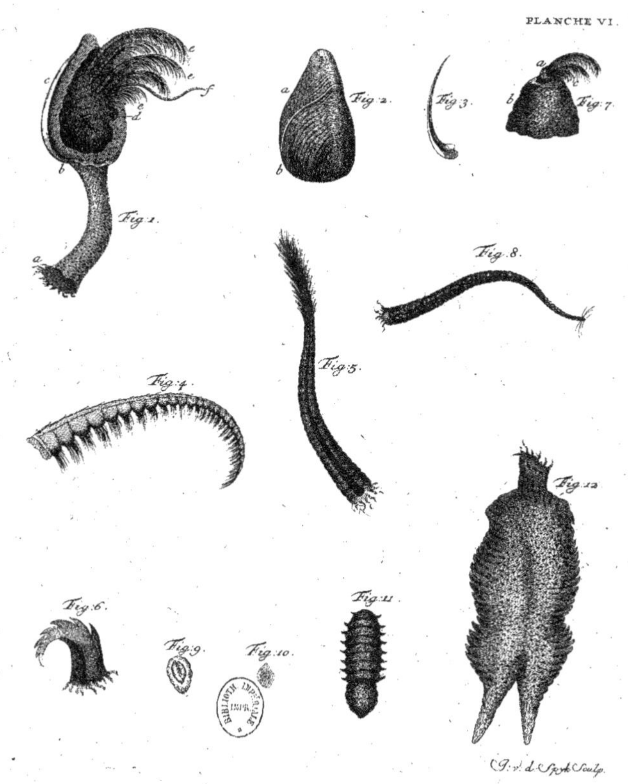

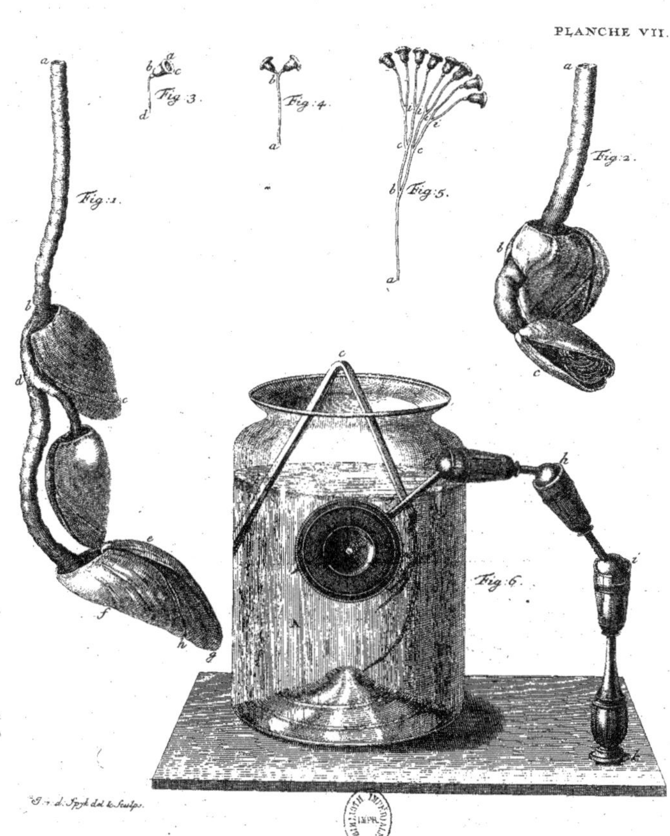

Fig: 1.
Fig: 2.
Fig: 3.
Fig: 4.
Fig: 5.
Fig: 6.

* 9 7 8 2 0 1 4 1 0 8 2 9 3 *